Agroécologie

Quelle écoformation ?

Du même auteur

Transhumance et éco-savoir, Reconnaissance des alternances écoformatrices, L'Harmattan, 2003

La méthode Jean Moneyron, Une gestuelle thérapeutique de la forme, L'Harmattan, 2006

Temps de vie et transhumance, Carnets de voyage d'une Amazone, 2004-2011, L'Harmattan, 2012

5-7, rue de l'École-Polytechnique, 75005 Paris
http://www.editions-harmattan.fr
ISBN : 978-2-343-15948-5
EAN : 9782343159485

Anne Moneyron

Agroécologie

Quelle écoformation ?

L'Harmattan

5-7, rue de l'École-Polytechnique, 75005 Paris
http://www.editions-harmattan.fr
ISBN : 978-2-343-15948-5
EAN : 9782343159485

Avant le Commencement

« Jamais les choses ne se passent là où on croit, ni par les chemins qu'on croit. »
(Deleuze 1996 : 10)

Le temps de capricieux devient maussade, convenons en.

Écrire n'est pas un acte qui va de soi, c'est un geste qui met à nu. Décape. Et pourtant, je me l'étais promis, les étés ne se passeraient pas enfermée à écrire. Et me voici devant l'écran, prise au piège de l'écriture et d'une réflexion sur la Formation dans les métiers agricoles. Expériences passées vives qui ouvrent un devenir.

La fenêtre reste grande ouverte.

Marcher dans le noir, prendre le frais, laisser rêver l'imaginaire. Il est des insomnies de nuits estivales où une foule de questions assaillent. Le matin, ne pas chercher à y répondre, mais en sortir, s'en sortir.

« Sortir, c'est déjà fait, où bien on ne le fera jamais. Le mouvement se fait toujours dans le dos du penseur, au moment où il cligne les paupières. Pendant qu'on tourne en rond dans ces questions, il y a des devenirs qui opèrent en silence, qui sont presque imperceptibles. […] Devenir ce n'est jamais imiter, ni faire comme, ni se conformer à un modèle, fut-il de justice ou de vérité » (*ibid* : 8).

L'agriculture, une fois encore, doute, vacille.

Les agriculteurs et leurs savoirs sont mis à mal par les invectives sociétales. Celles-ci sont relayées par celles de la science qui détermine *La Connaissance had hoc.* Cette science là vise à limiter et formater les pratiques agricoles selon des modélisations qui seraient des solutions miraculeuses. De plus en plus technicistes, actuellement high tech et numérique en tête, ces modèles individualisent le risque et font croire à un renouveau de la pensée.

Changer ! Toujours changer.

Depuis des décennies, les politiques publiques agricoles légifèrent à tout va : interdire et normer ! Elles sont brouillonnes, jouent le court terme électoral et manipulent de soit-disant changements des modèles de productions agricoles par le biais d'un syndicat tout puissant.

L'agroécologie : pourquoi s'obstiner à écrire sur ce sujet agaçant d'être aujourd'hui tant rebattu ? Comment explorer un *Autrement* pour une possible formation des savoirs et des connaissances vers des agroécologies ? Dans un contexte qui se voudrait nouveau, comment, collectivement, former à et pour la discrétion et les raisons de l'incertain qui ouvriraient vers l'émancipation de la pensée et de l'agir comme passage et transformation ? Mais aussi, comment de l'action à l'écriture ne pas perdre la pensée et la parole des chemins empruntés ?

Écrire cela : ne vaudrait-il pas mieux le silence ?

Le temps de capricieux devient maussade, convenons en.

Commencement

« Bien des quêtes de la vérité se terminent sur la réponse d'avance souhaitée. La vraie recherche, elle, le plus souvent, trouve autre chose que ce qu'elle cherchait. »
(Morin 1986 : 138)

Ah l'Agroécologie !

1971 : la Formation entre officiellement en recherche, mais par « la porte de service de la formation professionnelle » (Pineau 1994).

2014 : Stéphane Le Foll, ministre de l'agriculture, lance son *Projet Agroécologique pour la France : Produire Autrement et Former à produire Autrement.*

1984 : le 28 juin, à l'examen du BTS agricole sont sanctionnés celles et ceux qui frottent leurs savoirs d'expérience et leur curiosité multiple au modèle unique et monolithique de l'agriculture moderne.

1991 : premier DUEPS[1] en Reconnaissance et Validation des Acquis de l'Expérience. Commence un travail de recherche sur la formation des savoirs d'expérience de bergers transhumants. Existerait-il ce concept permettant de saisir le réel qui refuse de se laisser enfermer dans la triade savoir/savoir-être/savoir-faire et l'extraire du clivage pratique/scientifique ?

1998 : après l'institutionnalisation, en 1990, de l'Agriculture Biologique et sa reconnaissance discrète, s'amorce la volonté politique de son développement suite au "plan Riquois".

2001 : un espace-temps de la recherche est bouclé avec une Thèse en sciences de l'Éducation et de la Formation : *Eco-savoir, Transformation expérientielle et Alternances. Contribution à l'approche anthropo-formative du Geste à partir de conversations sur la peur de la nature et la vigilance avec des bergers transhumants des Pyrénées.*

---

[1] DUEPS : Diplôme Universitaire d'Études et de Pratiques Sociales – Maîtrise en sciences de l'Éducation et de la Formation des Adultes.

2003 : c'est l'accompagnement, via des passages accidentés et non prévisibles, du changement de mode de production de l'Unité Expérimentale de l'INRA[2] de Mirecourt vers *l'AB*[3] : Se pose alors à nous la question : comment faire entrer et rester des agriculteurs dans la forteresse de la recherche en agriculture pour modifier les modes de construction des problématiques et produire autrement de la connaissance en agroécologie ?

2011 : trois années avant l'annonce du "projet Le Foll" pour l'Agroécologie, en Alsace, s'est co-construite une Recherche-Action-Formation Transdisciplinaire qui développée avec un collectif hétérogène. Par des avancées individuelles et collectives, à petits pas et parfois par de grandes enjambées, ce groupe mène un projet complexe de production de connaissances partagées et vérifiées sur "La Santé de la Vigne et son Environnement"[4].

2016 : et le 23 juin, vous assistez à la première *Nuit de l'Agroécologie* à Westhalten.

2018 : l'été est revenu. À nouveau enfermée pour tenter de finaliser cette écriture. Il n'aura pas fallu plus de quatre petites années pour que la problématique du *Autrement* de la Formation à l'Agroécologie retombe comme un soufflé. Le site du Ministère devient bien terne, pour ne pas dire aveugle, sur la vision écologique pour les agricultures et une volonté de mise en œuvre d'un autrement en agricultures. C'est le ministère de la Transition Écologique et Solidaire, qui propose de mettre l'accent sur des modèles économes et autonomes. La Recherche se désintéresse des approches collectives de co-construction de la connaissance qui se pense en dehors de leurs laboratoires à partir des savoirs singuliers, des pratiques, des questionnements et des attentes de celles et ceux qui font l'agriculture au quotidien. Pour elle, l'agroécologie sera *high-tech* ou ne sera pas. Selon cette logique descendante d'un savoir-pouvoir, il faudra attendre encore plusieurs décennies que multinationales

---

[2] INRA : Institut National de la Recherche Agronomique – http://www.inra.fr/

[3] *AB* : Agriculture Biologique

[4] http://www.programme-repere.fr/programme-repere/projets/projets-2011/ ; et http://www.smach.inra.fr/Toutes-les-actualites/SMaCH-gestion-durable-de-la-sante-des-culturesZinnle

de l'agroalimentaire et Institut de Recherche aient formaté, après coup, les nouvelles normes afin de continuer à faire du sur place, voire à reculer. Tout va bien dans le meilleur des mondes : la ville bétonne la terre et l'agriculture se fait urbaine en se lançant à l'assaut des toitures où elle est pensée comme un simple moyen de production de nourriture pour l'homme.

Pourtant, pendant ce temps, de montagnes en plaines, de champs en champs, des paysans, soucieux, avancent, en recherche des équilibres de leur écoformation *Avec* la nature travaillée : funambules entre Ciel et Terre.

Cette écriture d'un parcours de vie, de travail et de formation dans les mondes agricoles en amorce de la réflexion, est plus un geste de pudeur face à l'inattendu de la vie même et vis-à-vis du développement des idées qui vont suivre, qu'un ego qui subitement aurait pris trop de place. C'est le geste du doute créateur qui ouvre au présent le premier pas vers la liberté, celui de faire des choix qui donnent le pouvoir d'aller plus loin, au-delà : *més ellnà*. Pousser la route vers des lieux de pensées en acte dont nous n'avions aucune idée, laissant ces dernières émerger, agir, se développer, se partager. Les bribes d'une histoire de vie en formation font sens quand elles permettent de ne pas oublier d'où nous vient ce que nous sommes, ce que nous pensons et ce que nous serons. Les ressorts dynamiques de notre pensée, qui sous-tendent notre méthode de recherche-action-formation au sens d'Edgar Morin, ne sont-ils pas tout simplement là ? N'est-il pas nécessaire de faire le point sur la source et les orientations prises par notre propre regard ? À trop désincarner nos sujets et questionnements de recherche, ne perdons-nous pas une part essentielle de leur substance et de leur portée, si minime soit-elle ?

Ceci étant dit, convenons en tout de suite, ce dont nous allons parler est flou, épais, polymorphe, et ce peut-être parce que d'une grande actualité. L'agroécologie, problématique relevant jusque là de signaux faibles depuis au moins 70 ans, semblerait être en passe de s'imposer. Est-ce si certain ? Au-delà de tout ce qui a pu être dit et écrit, l'agroécologie se présente surtout comme une vaste question d'actualité pour autant que l'actualité d'une question ne se situe non pas dans sa nouveauté, mais dans sa récurrence, sa permanence. Mais, selon quel rapport à la terre, au vivant, se développera-t-elle aujourd'hui et demain ?

Dans le projet pour l'Agroécologie de Stéphane le Foll, l'adverbe *Autrement* se substitue à celui qui sévissait depuis plusieurs décennies, le *Développement*. Ce qui, pour nous, fait la nouveauté de ce plan pour l'agroécologie résiderait dans la possibilité offerte d'un véritable renouvellement du penser et de l'agir afin de sortir de l'univocité des modèles agricoles et de formations existants ou en train d'être construits. Car ne devrait-on pas considérer comme véritablement actuelle la problématique qui toujours se pose : comment passer *Autrement* d'un modèle binaire d'agricultures excluant les aléas à une approche complexe et une logique ternaire d'inclusion du vivant.

Malgré une littérature scientifique des plus abondantes, le traitement de l'agroécologie se cantonne essentiellement à des monographies de savoirs et de connaissances, de lecture et d'analyse des représentations d'une agriculture depuis un dehors si lointain qu'il exclut de la réflexion celles et ceux qui la vivent et l'élaborent depuis l'intérieur de leur quotidien. La lecture des définitions proposées pour une agroécologie en train de se faire montre que celle-ci occupe moult comités et analystes, variant depuis la place des individus qui la feuillettent : *A*griculture *B*iologique, conventionnelle, raisonnée, familiale, industrielle. Face à la peur du vide de modèle monochrome, les déclinaisons de conversion et transition pour des approches agro-environnementales des productions, sont modélisées en trajectoires humaines idéales standardisées. Tout cela sur une temporalité de changement bien précise : les trois années de l'*AB*.

Se lancer en quête d'une énième définition structurée à partir de déclinaisons de systèmes agrotechniques saupoudrés d'un soupçon d'humanité serait une possibilité. Ce ne sera pas notre propos, car, ainsi, la question fondamentale du *Autrement* serait encore éludée ou mise de côté, en attente de...

En attente de quels changements ?

L'agroécologie se vit et se réalise depuis la place de ceux qui la pratique, dans le rapport quotidien *Avec* les aléas et l'incertain considéré par eux comme ''tiers-inclus''. Selon cette posture de travail, leurs valeurs et leurs savoirs ont une place, *Autrement*. La recherche à propos de cet *Autrement* pourrait-elle se faire au-delà d'une mécanique monodisciplinaire savamment réglée ? Cet *Autrement* de l'agroécologie peut-il se résumer au seul débat d'idées sociétales contestataires sur ce qui serait aujourd'hui *La Bonne* façon d'appréhender le produire avec la nature : car, quid de la place et la part de l'humain dans *La Bonne* façon de faire ?

Nous verrons, comment les dimensions du sensible et de leurs connexions spatiales, mémorielles et imaginantes, ouvrent la voie à des modes de travail ecoformés *Avec* le vivant. Le toucher, l'odorat, l'ouïe, l'imaginaire sont des initiateurs à part entière du produire *Avec* et de la formation de la compréhension de cet *Autrement*. Qu'y a-t-il de l'Autre et de Soi dans la construction d'une connaissance transdisciplinaire en agroécologie ? Qu'y a-t-il de ce rapport *eco*logique du travail en agricultures et du *bio*logique de l'humain ? Ces dimensions relèveraient-elles des « arts de faire » (de Certeau 1994) et des diversités nécessaires à la considération et au développement du pôle *ECO* de cette autre agriculture, comme mode d'habiter la terre par le travail ? Nous verrons comment elles sont capitales dans la préhension à long terme de la complexité des passages vers l'agroécologie.

Nous souhaitons évacuer dès à présent la notion d'objectivité dans la formation vers l'agroécologie, ce qui ne signifie en aucun cas l'ignorer, bien au contraire, mais la mettre en dialogique avec des dimensions non étudiées et prises en compte, qu'il nous faudra déplier et déployer pour les rendre visibles et audibles. Comment l'Agriculteur en vient-il au choix d'une forme d'agroécologie ? Ces passages ne sont pas flous mais flottants. Ce sont des « transformations silencieuses » (Jullien 2009), lentes et complexes, où s'exposent et se confrontent des temporalités multiples et multiformes (homme, animal, végétal, minéral, social etc.). Le silence de ces transformations s'emplit ici de la coexistence des éclats de rythmes de perception et d'interventions humaines avec des phénomènes qui se déploient sur fond de temps très long. Ces temps agricoles (Moneyron 2003) sont faits de mouvements et de lieux, de « reliances » (Bolle de Bal 2003) et de pauses, et surtout, de ruptures.

Plutôt qu'à une macro-socio-analyse institutionnelle monochrome, nous nous attachons, par succession d'instants, à une approche phénoménologique expérientielle afin de saisir l'action du réel dans la construction du savoir et de la connaissance. Car, vous les avez forcément remarquées, dans chaque lieu nouvellement construit, ces traces qui révèlent les « tout petits liens » (Laplantine 2003) de ces pas posés de la pensée et de la sensibilité de ceux qui inventent leurs parcours, débordant des limites du circuit prévu par la planification des architectes. Allées étroites et profondes qui traversent les pelouses de leurs répétitions. Ces rides creusées par le temps vont et viennent de la cantine aux espaces de travail, des espaces de travail au parking, de la bibliothèque à la machine à boissons. Ces lignes arpentent le dedans pour y faire entrer le dehors. Et puis, sur le circuit officiel, vous l'avez croisé, je l'espère, bricolé et scotché tant bien que mal, le papier format A4, glissé dans une chemise plastifiée, avec les mots tracés précipitamment au feutre – Sortie, Toilette, Interdit – cette information urgente que vous cherchiez depuis des heures car absente de la signalétique officielle.

Ainsi, revenant sur des parcours transdisciplinaires de recherches-actions-formations en agricultures, ce sont ces chemins non officiellement prévus, accidentés et sinueux que nous proposons ici de réemprunter pour aller vers plus de connaissance partagée. Nous en retracerons les sentiers, les voyages, les rencontres, les détours, les arrêts, les retours en arrière, les doutes, les impasses, les possibles. Et puis, chemin faisant, nous rapporterons des éléments d'expériences vécues d'accompagnement de changement, pour donner à penser des voies possibles du *Autrement* de la formation *de* et *à* ces passages et construire une épistémologie expérientielle de la connaissance pour les transitions trans-formatrices vers l'agroécologie. Une épistémologie de la connaissance qui ne se réduise et ne se conforme pas uniquement à celle de *La* Science.

Des passages du Autrement pour l'agroécologie

08 .. .. … … clé .. Mutants de l'agriculture : Simon, Vincent, moi et les Autres

« Ainsi, devant la fenêtre ouverte,
nous pouvons voir finir ou commencer le monde ;
sa naissance est livrée à notre caprice,
sa ruine totale à notre indifférence.»
(Bachelard 1970 : 25)

Le 28 Juin 1984, je fais partie de ce groupe hétérogène de "mutants de l'agriculture" : soit 24 adultes qui se présentent au lycée agricole de Pau-Montardon pour l'examen du BTS TAGE[5].

Depuis deux ans et de manière indifférenciée nous sommes quelques uns dont le n° INSEE commence par "08". Plus ou moins jeunes, plus ou moins vieux, rarement des femmes, tous ainsi asexués par la volonté de la modernisation agricole. Pendant deux années, avec ce "08", nous vivrons dans un vide socio-professionnel en contrepartie d'une aide financière de l'administration pour une formation. Nous nous sommes engagés par écrit à une reconversion professionnelle, à la suite de quoi, nous devrons quitter ce monde qui est le notre. Il nous faudra tenter notre chance ailleurs. Pourtant, bien avant cette date, le ministère de l'agriculture savait que, « alors même qu'il y a expulsion hors de l'agriculture et transplantation en ville, il n'y a pas de rejet de la ruralité » (Jégouzo 1975 : 51).

De choix nous n'en avions pas. Il était fait à notre place : « Le souci prépondérant au départ était "socio-culturel" ; il s'agissait d'organiser la redistribution progressive du foncier considéré comme le facteur fondamental dans l'exploitation agricole, en faisant appel à des actions volontaristes qui modifient en douceur le comportement des agriculteurs » (Truffinet 1988 : 254). Agriculteurs, salariés, humains pris dans

[5] Je vous épargne la signification de tous les sigles en agriculture, c'est sans importance pour comprendre ce qui suit, c'est juste pour l'ambiance ! Si vous ressentez le besoin de précision, vous pouvez visiter le site du Ministère : http://agriculture.gouv.fr/

la nasse du vaste chantier d'une nouvelle démographie agricole, "en douceur" il nous fallait partir, bannis de nos lieux de vie et de travail : « chez les mutants [...] il n'y aura pas d'intégration au nouveau milieu de vie. La valise reste sur le haut de l'armoire : on est à tout moment prêt à repartir » (Jégouzo 1975 : 53). Les exploitations sur lesquelles nous avions travaillé furent disloquées, remembrées, agrandies, pour être modernisées. La machine remplacera le travail humain.

L'immensité pastorale fut transformée en station de ski et les larges plaines agricoles à la terre brune riche de leur humus millénaire entament puis accélèrent leur inexorable urbanisation commerciale.

« Étymologiquement muter vient de *mutus* : rendre muet, inerte. Le moût que l'on mute, c'est-à-dire que l'on imprègne de gaz sulfureux ou de sulfite de chaux, n'est plus susceptible de fermenter » (Le Littré[6]). À partir des années 60, les premières vagues de mutants sont des agriculteurs ayant largement dépassé l'âge de la retraite. Renonçant à la perspective d'une reconversion professionnelle, car pour eux le rapport entre le système scolaire et le savoir était compliqué. Dans les années 80, les générations suivantes sont loin de l'âge de la retraite, pourtant la reconversion professionnelle est difficilement envisageable car « à peine plus d'1/10e des enfants de paysans nés entre 1945 et 1955 ont accédé à l'enseignement supérieur » (Jégouzo 1975 : 52). L'allongement de la scolarité risquait d'éloigner les jeunes du métier de la terre. La plupart vont migrer en ville et ses périphéries pour accéder à des emplois d'ouvriers, parfois d'employés, c'est-à-dire sans transition, là où le besoin de main-d'œuvre se développe. Parce que comment reprendre des études quand le savoir que l'on a construit par expérience n'est pas reconnu, que le corps ne sait pas rester assis sur une chaise, que l'on a honte de la déformation de ses mains ? De plus, « une autre question est celle de savoir ce que signifie la réussite scolaire. Les jeunes du milieu agricole ne rejettent-ils pas les études abstraites ? Il est

[6] Le Littré, [Thenard, Traité de chimie, t. III, p. 418, dans POUGENS]

possible aussi que ce soient les études abstraites qui les rejettent » (*ibid* : 52).

Aussi, des ''08'', les enseignants du lycée agricole de Pau-Montardon, ils n'en avaient quasiment jamais vu. Alors, de toute la hauteur de leur connaissance, ils regardent ces candidats un peu brouillons et bouillonnants qui osent étudier après plusieurs années passées à travailler dans des fermes. Horreur suprême, certains n'ont aucun diplôme. La réussite de ces deux années de formation sera évaluée à la seule capacité de ces ''08'' à museler leurs savoirs d'expérience et à décrire la réalité selon la litanie bien assimilée des sigles agricoles : – La terre c'est de la SAU, SAT, UGB/ha, SMI ; – Le travail c'est le nombre d'UTH ! Sachant que les heures de travail de la femme sont comptabilisées pour moitié, celles de l'homme étant l'unité de référence ; – Les animaux étudiés ce sont les VL, BV, Porcs ; – Les cultures se résument au maïs irrigué, maïs ensilage, soja, et quelques céréales. La réussite de l'entreprise se mesure en MB/ha. Modernisé et restructuré, le revenu reste toujours inférieur au ''revenu de référence'', lui même inférieur au SMIC. De cela on parle peu.

Nous, les mutants des années 1982 à 1984, sommes de jeunes adultes, et ce que l'on attendait de nous c'était clairement de muter pour ne plus fermenter. Dans notre groupe, bon nombre des ''08'' se plient aux règles de ce que sera leur futur métier de conseiller agricole. Simon, Vincent et moi n'y sommes pas parvenus. Faire notre stage de fin de formation dans le modèle agricole dominant de l'époque reposant sur une vision morbigène des fonctions fondamentales de l'agriculture, c'était une torture.

Nous, nous sommes allés voir ailleurs.

Simon, 20 ans, c'était le plus jeune de la promotion. Il venait du Nord, vaches laitières et betteraves. Fils d'agriculteurs, il ne pouvait pas rester sur la ferme. Son frère aîné et ses parents allaient agrandir, moderniser. Dans le groupe et même pour les formateurs, c'était notre encyclopédie agricole. Il connaissait tout, il apprenait tout, vite, il était drôle et malin. Il voulait devenir technicien agricole, et repartir là-haut, dans le Nord. La modernisation de l'agriculture, lui, il voyait ça d'un bon œil. Et c'est comme un fou qu'il s'était lancé dans les tables d'alimentation, les indices de croissance des VL et les MB à l'HA. Et puis, il tombe amoureux d'une jolie basque, fille d'un éleveur de bovin en moyenne montagne. Simon, ça l'a tout chamboulé. Il décide de ne pas remonter dans le nord pour son stage, mais de le faire chez eux, en moyenne montagne, dans un élevage en système extensif de vaches allaitantes.

Vincent, avait 32 ans, il était fils d'agriculteur originaire du Tarn, marié il ne pouvait pas rester avec son frère sur l'exploitation familiale trop petite pour faire vivre deux familles. Et puis il n'en avait pas vraiment envie. Il voulait être conseiller agricole pour participer au développement de l'Agriculture Biologique. Ses parents étaient adhérents au tout nouveau mouvement des "Paysans-Travailleurs" de Bernard Lambert (Rouaud 2003). À cette époque pas si lointaine, dans la profession c'était mal vu. Pendant ces deux années, c'est lui qui nous a tout appris sur ces sujets, ce n'était pas au programme. Vincent est allé en Lot-et-Garonne sur une exploitation de 40 vaches laitières de race jersiaise en *AB* avec transformation fromagère.

Moi, 27 ans, l'une des trois filles du groupe des "08", j'avais été salariée dans des élevages transhumants en Provence. Pendant ces deux années je vais planer au dessus des tables de calcul des rations de l'INRA, des champs de maïs irrigués, des engrais et des élevages intensifs de cochons. Ce que je comprends c'est que je ne veux pas atterrir dans ce monde là. Alors je choisis d'aller en estive passer les deux mois de stage, chez un "berger sans terre" en production laitière et transformation fromagère. Je voulais montrer qu'en France, des Alpes aux Pyrénées, un berger transhumant, un "sans terre", peut innover et répondre à des objectifs économiques valides. Si ses savoirs et ses pratiques étaient reconnus, il lui serait possible de ne pas devenir un "mutant". Dans le monde du pastoralisme, ces pratiques que l'on ne disait pas alors respectueuses de l'environnement, étaient dénigrées.

Ce fameux 28 juin 1984, on ne peut pas dire que les formateurs ne nous avaient pas prévenus. Plusieurs fois, même – *Avec vos choix de stage, vous allez vous faire étriller par les examinateurs*. En même temps, dans le fond, cette résistance, ce n'était pas pour leur déplaire. Mais nous, nous ne pouvions faire d'autre choix. Étrillés, pas de problème, nous l'avons été par un 04/20 chacun à notre rapport de stage. Une telle raclée, les formateurs n'avaient jamais vu ça. C'était un parti pris manifeste des examinateurs en regard des orientations agricoles des exploitations choisies et non l'évaluation de la qualité et la pertinence du travail réalisé. Scandalisés, les formateurs discutent avec le président du jury, ils tentent de lui expliquer – *"08", ça veut dire des personnes en reconversion professionnelle, ils ont un sens critique, c'est sûr, mais sans ce diplôme vous les condamnez, comment pourront-ils devenir conseillers agricoles ?*

Les épreuves orales se terminent, nous repartons. En à peine une demie journée Simon et Vincent sont recalés aux examens, et voient leurs rêves de contribution à une autre agriculture s'écrouler. Moi si je décroche mon BTS avec mention, très amère je suis pourtant face à ce gâchis humain.

Durant ces deux années, ma valise était restée sur le haut de l'armoire et je sus que je continuerai à résister et à planer loin du maïs irrigué et des élevages intensifs de cochons. J'avais découvert le monde de La Formation des Adultes et une perspective s'était ouverte pour le moment où je redeviendrais une "02" : contribuer à la reconnaissance des savoirs d'expérience pour une agriculture eco-logique qui reconsidère la place primordiale de l'humain et du geste agricole.

Cette année là, douze ans après la loi du 16 juillet 1971 qui m'avait ouvert les portes de la formation professionnelle permanente[7], sur la carte de la géographie de l'éducation, les dimensions personnelles de la Formation sont encore un vaste continent blanc que je veux explorer ; l'agroécologie un *no man s'land*.

---

[7] https://www.legifrance.gouv.fr/affichTexte.do?cidTexte=LEGITEXT000006068411&dateTexte=20110411

Vincent et Simon attendront les trois ans "réglementaires" avant de se réinstaller : Vincent en agriculture biologique et Simon en tant que conjoint d'exploitation sur un système extensif de production bovine en moyenne montagne.

Chap 1.1- Imaginaire, Résistances et Incertitude : facteurs de Connaissance

Selon Platon, Imaginer, c'est opposer des obstacles à la connaissance. Ce discrédit porté à l'Imaginaire barrera longtemps la route de sa reconnaissance comme facteur de connaissance. Pour Jean Starobinski, connaître, c'est interpréter, déchiffrer : c'est Imaginer. L'imagination convoque la parole, l'image, le corps, les sens comme « pouvoir d'écart grâce auquel nous nous représentons les choses distantes et nous nous distançons des réalités présentes » (Starobinski 2001 : 275-292).

Depuis la fin des années 70, au cours de ses années de recherche et de vie, Edgar Morin développe *La Méthode* en six volumes où il détricote et retricote, dépliant et repliant à la façon de l'art Baroque, l'organisation/désorganisation du triptyque individu/société/espèce dans ses déliances et ses reliances multiples pour discuter la complexité de la connaissance et de l'idée même de connaissance. Il ouvre sa réflexion avec *La Nature de la Nature,* puis, dans *La Vie de la Vie* il pointe l'éco-dimension comme spécificité du vivant : « La dimension écologique constitue en quelque sorte la troisième dimension organisationnelle de la vie. La vie n'était connue que sous deux dimensions, espèce (reproduction) et individu (organisme). Ce n'est pas seulement l'arbre multiramifié de l'évolution constitué en règnes, embranchements, ordres, classes, espèces. C'est aussi de l'éco-organisation. [...] Ce qui signifie que nous devons considérer l'eco non plus seulement comme ordre et contrainte, non plus seulement comme désordre, mais aussi comme organisation, laquelle, comme toute organisation complexe, subit, comporte/produit du désordre et de l'ordre » (Morin 1980 : 18-20). À la Connaissance il consacre deux volumes de *La Méthode* afin d'en cerner le proche et le lointain, l'unique et le multiple. *La Connaissance de la Connaissance* : pour « si l'on veut connaître les sources de nos erreurs ou illusions. La notion de connaissance nous semble Une et évidente. Mais dès qu'on l'interroge, elle éclate, se diversifie, se multiplie en notions innombrables, chacune posant une nouvelle interrogation. Ignorance, inconnu, ombre, voilà ce que nous trouvons dans l'idée de connaissance » (Morin 1986 : 10-11). Avec *Les Idées*, il aborde la connaissance « quotidienne » (Morin 1991 : 9).

1.1-1 : L'Imaginaire comme saisie du monde : obstacle et ouverture épistémologique

Dans les champs de la connaissance, tout est construction, évolution, rien n'est définitif. Pour la formation vers l'agroécologie, produire une autre connaissance demande de prendre position. Il faut affronter ce quelque chose que l'on ne connaît pas, ne reconnaît pas. Face à cet inconnu, il faut rassembler tout ce que habituellement nous laissons de côté, le hors-champ. Ce qui existe en nous et autour de nous mais que nous ne voulons ou ne pouvons pas voir, percevoir, comprendre. Ce qui arrive parfois simplement par retro-action, comme « des signes ; des signaux soudains comme un regard que nous recevons des événements » (Merleau-Ponty 1960). Pour rassembler et convoquer tout ce avec quoi, visible et invisible, nous pouvons saisir et penser cet *Autrement* de l'agroécologie, il s'agit de prendre position sur le pas de temps nécessaire à la formation de la connaissance. Présent et futur n'existent que dans le mouvement des temporalités qui nous précédent, nous enveloppent, nous dépassent. Produire de la connaissance est un jeu permanent de résistances dans le sens de *La Philosophie du Non* de Gaston Bachelard, qui n'est pas une volonté de négation, mais une intuition travaillée s'exerçant dans un espace non analytique. Cette philosophie articule ce qui est *et* ce qui n'est pas, non en les opposant selon la logique binaire d'Aristote (A *ou* non A), mais en les articulant pour faire ressortir le contradictoire, c'est la logique ternaire de Lupasco (1935), le (A *et* non A).

Se risquer à l'approche du cœur de la chose en cours d'élaboration : c'est s'en écarter, comme le peintre de sa toile, ni trop près, ni trop loin, assez près, assez loin. C'est accepter la tentative de tendre vers un mouvement permanent d'approche et de distance et tenir cette tension proche/lointain dans la durée du parcours de la recherche afin d'être présent aux phénomènes de l'instant qui surgissent et où tout peut basculer.

« Ce que nous appelons ici "rencontre d'un obstacle", c'est le fait que le créateur d'une œuvre se voit contraint de continuer son travail, d'effectuer des opérations impossibles, c'est-à-dire interdites par les règles antérieurement applicables et appliquées ou qui heurtent des croyances ou des savoirs qu'il admet par ailleurs » (Granger 1998 : 21). Le temps nécessaire fut long pour identifier ma résistance à reconnaître l'imaginaire comme étant mon "obstacle épistémologique" : comment traverser ses préjugés à son encontre pour les dépasser. Cette réticence était due en partie non pas à un refus, mais à un imaginaire qui ne trouvait pas sa place dans les mots disponibles pour rapporter et traduire les images d'expériences agricoles non dicibles. Sans avoir prétention de les qualifier d'œuvre, toutes ces intuitions précédant les temps et les espaces de la recherche, qui m'étaient renvoyées comme irrationnelles, qu'allais-je en faire ? Parler d'imaginaire sans parler d'irrationnel était-ce possible ? À quoi cela s'opposait-il ? L'irrationnel polymorphe ne recouvrait-il pas, en creux, dans ses plis, les formes nécessaires au rationnel ? L'extension de son événement, au sens de Whitehead, par contagion, ouvrirait-il à une autre compréhension de la complexité du réel, sans reverser pour autant dans un tout rationnel exclusif ?

1.1-2 : Résistances : exigence et rigueur de la rythmicité

En regard du risque vécu lors de situations d'incertitude, en amont et dans le changement en agriculture s'immisce la résistance urgente et sensible entre science et société, entre travail et savoir (Moneyron 2013), entre réel et artefact.

Après la décision de Nicolas Sarkozy d'un *Grenelle de l'Environnement* de 2008 suivi de son retournement par « l'environnement ça commence à suffire », propos lancé en 2011 au Salon de L'Agriculture à Paris. En 2014, le Ministre de l'Agriculture en place, Stéphane Le Foll, propose de nouvelles directives à l'agriculture et à l'enseignement agricole à travers son projet qui est de : *Produire Autrement et Former à produire Autrement* pour une agriculture basée sur les principes de l'agroécologie. Se trouvant face à un tournant ontologique qu'ils ont pourtant souvent enclenché depuis plusieurs années, voire décennies, les agriculteurs sont laissés seuls avec leurs doutes et leurs questions. Dans cette nouvelle orientation agricole, comme il en a toujours été, les contours et les modalités de mises en œuvre restent flous pour les acteurs de la recherche et du développement sans modèle formalisé et validé auquel se référer. Une nouvelle période de tâtonnements et de tentatives pour faire entrer en force de nouveaux modèles est lancée.

Ces modèles disent changer mais persistent dans la vision « despotique de maîtrise » (Callicott 2009 : 12) du vivant selon une posture inchangée de la construction de la connaissance. Pourtant des travaux, moins nombreux que ceux qui s'en revendiquent, montrent la complexité et la fragilité du passage de la connaissance agricole à celle de l'agroécologie. Agriculteurs, comme chercheurs et disciplines de recherche, organismes de formation et de conseil, ne peuvent plus éviter de questionner le phénomène complexe permanent de « double contrainte dans l'écologie de l'action » (Bateson 1977 : 47) lors des essais de changement des modes de productions. En agriculture, la complexité quotidienne se manifeste principalement sous formes de résistances s'invitant de manière transversale. En effet, des événements placent un être vivant, de manière continue, en situation de ré-agir face à une perturbation, à un impératif de changement et/ou d'évolution. Ainsi, la résistance revêt deux caractéristiques à la fois temporelle et réflexive : elle est l'action de résister pour contenir l'équilibre existant, souvent déjà fragile, en s'opposant à une force morale ou physique vécue comme envahissante ; elle est aussi la capacité d'être en ré-action, c'est-à-dire en action de créativité et recomposition d'un nouvel équilibre, sans chercher un équilibre définitif, reconnaissant de fait le principe de l'écologie de l'action. Dans et pour chaque être vivant, ce processus ordre/désordre est une propension permanente. Aussi, nous considérerons les résistances supposées, et réelles, de ceux que l'on appelle aujourd'hui les pionniers de *l'AB*, ayant fait sciemment le choix d'une agriculture dite à contre-courant, comme une "prudence avisée" et non comme la marque d'un passéisme. Ils ont su, *a contrario*, imaginer, expérimenter et fait circuler cette inventivité à ceux qui voulaient entendre et comprendre cet autrement. Cette posture s'oppose à celle d'image d'agriculteurs et agricultrices mélancoliques en regard d'un monde fini que le mouvement dit moderniste, du toujours plus en avant aux ordres d'une vitesse accélérée liée à une certaine idée du progrès, leur fait endosser. À contre-temps, ils maintiennent l'exigence de leurs rythmes en regard de l'équilibre du potentiel de leur système de production avec la nature, que l'on qualifie aujourd'hui d'agroécologique. Rythmes considérés comme phénomène complexe de la vie (Moneyron 2003) et de ce fait clef de connaissance et de savoir, « à vrai dire, dans les rythmes, il est question de temps, d'espace, du Même et de l'Autre, d'ordre et de désordre, en des configurations et des chassés-croisés qui ne se laissent pas aisément représenter » (Wunenburger/Sauvanet 1996). Cette exigence certains l'ont chèrement payée en regard du sociologique. Par le respect et le maintien de leurs rythmes face au dictât du « bougisme ou mouvementisme » (Taguieff 2001) prôné par un mode de société voulant se moderniser, la résistance rythmique est l'expression de la discrétion et non celle du refus ou d'une action-réaction (Starobinski 1999) de peur du changement. En effet, on ne cesse de répéter à l'envie que le temps est de plus en plus fragmenté, qu'il est celui des urgences et non de l'urgence : « Le point critique est défini par la contradiction entre un temps que l'événement s'assujettit et un temps qui engendre de l'ordre et requiert, peut-on dire sans redondance, qu'on lui donne du temps » (Balandier 1993 : 230). Dans cette temporalité échevelée par la vitesse toujours croissante, la résistance est bien alors cette posture de

« création » au sens conféré par Gilles Deleuze[8]. Et la « saison » (Jullien 2001: 38) – moment et époque – ne serait-elle pas venue de ne plus la mettre entre parenthèse, mais en lumière, l'éclairer et s'en éclairer, pour produire une autre connaissance des glissements et des passages du *Autrement* ?

1.1-3 : L'irruption de l'incertitude : le rationnel et l'irrationnel

Si nous voulions offrir un lieu et une date à la notion d'incertitude, cela pourrait être à Paris, en août 1900 au 1er congrès international de mathématiques. David Hilbert, mathématicien, expose « "la solution finale au problème de l'incertitude" en vingt trois problèmes à résoudre pour chasser toute contradiction du champ de la logique. Ses recherches pour un modèle épistémologique global n'aboutiront jamais. Au lieu de sauver le rêve de l'Occident, elles vont consacrer l'exact contraire de ce qu'il voulait démontrer. Pour qu'un système soit valide, il ne peut être qu'incomplet et on doit accepter que cohabitent en son sein des apories structurelles, des problèmes insolubles avec d'autres qui le sont tout à fait » (Aubenas 2002 : 34). S'esquissent les premiers signes de la trahison de la connaissance scientifique face à la complexité du réel.

De l'obstination de la pensée scientifique à nier la problématique de l'incertitude pour la construction de ses raisonnements, Dominique Lecourt propose de retenir que « ce qui en fait sans doute le plus grand prix est l'ardeur qu'elle met à ne jamais s'incliner devant ce qui se présente à elle comme réel, sa détermination à en solliciter les virtualités pour les réaliser en les soumettant à l'épreuve de l'expérience » (Lecourt 1996). Dans le sens d'une vision utilitariste qui ne baisse pas les bras, Theureau imagine l'élaboration de programmes de recherches technologiques « pour une ingénierie des situations sûres » (Theureau 2011). Il définit les contours de ce programme, construit en réponse à l'accident de Fukushima et

[8] Deleuze G., 1987, Conférence donnée dans le cadre des mardis de la fondation Femis – 17/05/1987 : source : http://www.webdeleuze.com

en vue de sa non reproductibilité, pour la recherche et le développement d'une ingénierie aujourd'hui inexistante : « une ingénierie des situations sûres qui n'existe pas de façon satisfaisante dans l'ensemble de ces industries. Son nom même n'est d'ailleurs pas prononcé. Ce caractère plus ou moins satisfaisant de l'état d'une ingénierie des situations sûres est à apprécier *a posteriori* » (*ibid* : 3). Ainsi posée, sa question n'est-elle pas résistance à une dialectique présente dans le réel des situations ? Sans porter de jugement sur la qualité de ce travail, depuis le fond de notre ignorance sur ce sujet spécifique, la volonté de viser ces situations sûres, n'est-elle pas le camouflage grossier et la négation des composants du réel, de l'aléa et l'incertitude *de*, *par* et *dans* l'action. Parce qu'il conclut l'énoncé de sa ligne directrice par cet *a posteriori*, alors qu'il nous semble être le *a priori*, la pierre angulaire de la problématique du réel, en agricultures comme ailleurs. En même temps, chaque système de pensée n'est-il pas, à sa façon, désinvolte avec les phénomènes, hésitant à les regarder depuis un dehors plus enveloppant ? Depuis plus de trente ans, Edgar Morin, construisant *La Méthode* de la complexité, nous dit et redit : « le devenir n'est pas nécessairement développement. Le futur se nomme désormais incertitude » (Morin 1993 : 79). Et cette incertitude, en tant que complexité, est un « mot problème et non un mot solution » (Morin 1974). Elle est à la fois une composante du réel et de la pensée par leur actualisation permanente.

Est-ce parce que, de son fait et/ou par retro-action, le réel nous résiste continûment qu'il nous faudrait pour le co-naître (étymologiquement *naître avec*) chercher à le comprendre selon l'idée d'un équilibre, même fragile et transitoire, non en force contre, mais par le *Avec* de la réalité des choses ? Dans la recherche en agroécologie, s'éloigner d'une élaboration de la connaissance selon le double fantasme gestionnaire de domination ou de maternage sur la nature sera une gageure. Tenter d'éclairer et de saisir cette question de l'incertitude, non pas en la contraignant par la pensée rationnelle, mais en l'explorant selon le mot problème de complexité, peut, à certains égards, être qualifié d'approche irrationnelle, mais ouvre les possibles d'une autre connaissance. L'irrationnel s'invite puis s'impose souvent de lui-même par intention, dans les choses. Le nier ne serait pas plus rationnel que de l'éviter, l'éliminer, le mettre de côté *a priori*. « L'irrationnel "épistémique" apparaît dans le procès même de connaissance, lorsque ce procès rencontre inopinément une propriété de son objet qui interdit de poursuivre ce processus tel quel. Il s'agit donc, dans ce domaine, d'un cas typique d'irrationnel comme obstacle, considéré dans *l'acte* de connaître » (Granger 1998 : 13).

1.1-4 : Changement : Conversion, Transition, Mutation

Changer : pour quoi changer ? Comment changer ?

Watzlawick, Weakland et Fisch ouvrent leur perspective théorique des changements par « le proverbe français selon lequel plus les choses changent plus elles restent pareilles » (Watzlawick et *al.* 1975 : 19). Repartant de leurs propres expériences thérapeutiques, ils constatent, pour un changement notable et durable, le succès d'actions et de réflexions *a priori* illogiques voire contradictoires. À partir de là, ils distinguent deux modes de changements. – Le *changement 1*, reste dans le cadre établi de la situation à changer. Il s'obtient par l'application d'un contraire, du remplacement d'un élément par un autre dont les interactions avec la situation ne modifient en rien le cadre dans lequel ils évoluent. À long terme, et structurellement, le *mode 1* ne produit pas de changement. – Le *changement 2* consiste à modifier la norme. Il provient nécessairement de l'extérieur du cadre car : soit le système ne peut engendrer de l'intérieur les conditions de son propre changement soit le système va chercher ailleurs les conditions de son changement. Les auteurs attirent notre attention sur le paradoxe de ce changement : « le *changement 2* a toujours la forme d'une discontinuité ou d'un saut logique, nous ne serons pas surpris que les manifestations du *changement 2* semblent illogiques et paradoxales » (*ibid* : 30). Ils ajoutent que cette capacité à évoluer en dehors du cadre de référence signe une qualité dynamique du système. Ce changement de logique qui déborde, dépasse, voire fait éclater le cadre existant, n'est pas l'effet du hasard, mais d'une autre logique qui fait passer le mode de résolution d'un problème à un niveau méta. Il ne s'agit pas d'une simple contre-action *in-situ*, mais de solutions qui ne peuvent se révéler et se déployer à l'intérieur des limites de la précédente affirmation logico-théorique. Il s'agit de passer d'une logique de remplacement dans un même cadre – *changement 1* – à une logique de modification de la norme par dé-cadrage – *changement 2*.

En agriculture, pour parler du changement de modèle de production, jusqu'à présent, il était principalement question de conversion. La terre se convertie, ainsi que les hommes à l'agriculture biologique. Nous sommes sur le mode passif, c'est beau, presque biblique ! Des travaux en sociologie et/ou ethnologie qui tentent de capturer les savoirs agricoles, dont ceux de ces "pionniers" qui se sont donc "convertis" à l'agriculture biologique. Il y en a eu, notre propos ne sera pas de les recenser ici. Il y en a eu et il y en aura encore d'autant plus qu'il faut bien le construire scientifiquement ce modèle agroécologique de savoir à diffuser. Sauf que pour raisonner ce changement, pour contribuer à la mutation de l'agriculture, ceux en charge de l'étudier restent sur le changement de mode 1 : « les techniques agroécologiques récemment développées constituent une alternative particulièrement attractive aux techniques actuellement utilisées. [...] La question est alors d'identifier les conditions, dans les pays industriels comme dans les Pays en Développement, pour que cette nouvelle technologie soit adoptée pas les producteurs. Un impératif : assurer la génération et la diffusion des nouvelles connaissances » (Ribier/Griffon 2006 : 7). Parce que quand le conseiller et/ou le chercheur ne convertit pas, il cherche les conditions de la diffusion de leur prétendue nouveauté, miroir aux alouettes qui ne repose sur aucun changement de niveau 2, c'est-à-dire de mode de réflexion et de rapport au monde. Les mots de l'accompagnement se transforment en impératifs de mutations, de trajectoires, de changements, de transitions. Les dictionnaires de la langue française rappellent que la transition, c'est le degré intermédiaire d'un état à un autre ; la mutation, c'est rendre muet, inerte. Dans leurs publications, ces chercheurs pensent montrer combien ils ont changé d'approche et de pensée de l'agriculture : « Là où un produit de traitement suffisait partout pour éradiquer une invasion d'insectes, on substituera un ensemble de techniques de suivi et de contrôle biologiques qui doivent être calibrés localement » (*ibid* : 8). Si cela vaut pour les pays industrialisés pour les pays de la Révolution Verte, entendez ceux où le modèle de développement agricole fut imposé, les "Pays en voie de Développement" des années 70-80, « il est devenu indispensable de réduire les pollutions » (*ibid* : 11).

Plus ça change, moins ça change, pourrait nous rappelle et nous alerte Paul Watzlawick.

Chap 1.2-
Travailler *Avec* la nature ou l'Environnement ?

Dans une société qui s'interroge sur ses liens avec une nature dont elle s'éloigne de plus en plus, pour qui l'environnement voudrait passer de la seule notion de contour d'objets sans âme au mirage d'un projet aux dimensions planétaires, certaines affirmations quant à la formation et au savoir, doivent être interrogées de façons plurielles. En France, dans les années soixante, les agriculteurs sont incités à devenir des chefs d'entreprises au même titre que les industriels. Sans tenir compte de la structure familiale de l'exploitation agricole, de la diversité des territoires, de l'espace-temps de la formation expérientielle des savoirs, l'agriculture fut modernisée en clivant le sens du travail de l'homme *Avec* la nature et les éléments dans un rapport de luttes. Aujourd'hui ce modèle *contre nature*, n'est, dit-on, plus de mise. C'est l'agroécologie qui est plébiscitée comme *le* modèle à suivre.

Bien que connue depuis les années 30, c'est à partir de 2011, avec le rapport De Schutter pour le droit à l'alimentation[9] que le phénomène se diffuse plus largement dans les propos du grand public. Pour autant, cette voie réactualisée et décontextualisée, va-t-elle se cantonner à la préoccupation du consommateur d'être en bonne santé et un reverdissement environnementaliste des modèles du savoir agricole productiviste ? Quand, dans le discours des professionnels le *ça ne s'apprend pas, c'est l'expérience*, semble vouloir clore toute idée de questionnement de recherche en formation, comment faire reconnaître que l'expérience n'est pas « un voile qui sépare l'homme de la nature, mais un moyen de pénétrer toujours plus au cœur de celle-ci » (Dewey 2012). Tout autant qu'elle est toujours « l'expérience actuelle et vitale de quelqu'un » (Dewey 1947 : 94). De Soi à l'Autre, comment déployer et déplier sans la

[9] De Schutter O., 2011, "Agroécologie et le droit à l'alimentation", Rapport présenté à la 16ème session du Conseil des droits de l'homme de l'ONU [A/HRC/16/49], http://www.srfood.org/fr/agroecologie

découper l'expérience compacte personnelle, obstacle épistémologique à la connaissance du travail *Avec* la nature ?

1.2-1 : Un rapide tour d'horizon des agricultures dites alternatives en France

En France, les agricultures dites alternatives, seraient au nombre de sept, peut-on lire dans nombre de documents qui, par habitude et besoin de normes reprennent la même classification. En voici les principaux axes. Cette classification, reste floue si on observe les pratiques réelles derrière le vocabulaire. Elle demanderait à être affinée et critiquée, notamment sur des termes tels que pesticide ; industriel ; biocontrôle ; environnement. Tel ne sera pas directement notre propos dans cet ouvrage.

« 1- l'agriculture durable promue par le réseau agriculture durable (RAD) qui plaide pour une agriculture plus économe et autonome ; 2- l'agriculture biologique régie par un cahier des charges strict, qui interdit le recours à des intrants d'origine industrielle ; 3- l'agriculture paysanne, définie par une charte qui vise à permettre à un maximum d'agriculteurs répartis sur tout le territoire de vivre décemment de leur activité en produisant une alimentation saine et de qualité sans dommage pour l'environnement ; 4- l'agriculture raisonnée, portée par le réseau FARRE[10], qui vise essentiellement à raisonner l'utilisation d'intrants d'origine industrielle dans un souci de meilleure gestion de l'environnement mais en veillant à ne pas remettre en cause les rendements et la rentabilité des exploitations ; 5- la production fermière, basée sur une charte, où les agriculteurs assurent plusieurs fonctions : produire,

---

[10] Le FARRE, Forum pour une Agriculture Raisonnée et Respectueuse de l'Environnement, créé en 1993 à l'initiative conjointe de la FNSEA pour un raisonnement global, comprend dans son réseau des entreprises de l'agrochimie, de l'agroalimentaire et de la grande distribution. Son approche dite environnementale est ambiguë laissant supposer que les autres formes d'agricultures seraient dépourvues de bon sens. Elle ne modifie pas structurellement les pratiques agricoles et ce afin de conserver une échelle acceptable au maintien de la pérennité de l'agrochimie et l'agroalimentaire, c'est-à-dire ses partenaires.

transformer et vendre leurs produits auprès de consommateurs ; 6- la production intégrée, défini par l'OILB (Organisation internationale de lutte biologique et intégrée contre les ennemis des cultures et des forêts), où il s'agit d'utiliser des ressources et des mécanismes de régulation naturelles pour remplacer des apports dommageables pour l'environnement ; 7- l'agriculture de précision, qui s'appuie sur des nouvelles technologies pour organiser des interventions très pointues sur les cultures ce qui permet de mieux prendre en compte la protection de l'environnement et d'augmenter la compétitivité des apports dommageables pour l'environnement » (Nicolas 2008).

D'autres proposent en un lexique exhaustif un recensement des multiples termes en usage afin de préciser le vocabulaire parfois confus des qualificatifs attribués à différentes agricultures (Pervanchon/Blouet 2002). Cette confusion n'est-elle pas le reflet des modèles élaborés au coup par coup des politiques agricoles en agriculture au fil de la succession des gouvernements ? Nous remarquons, dans le document de Pervanchon/Blouet daté de 2002, l'absence du qualificatif *Agroécologie*. Il semble qu'en France, celui-ci sorte de sa confidentialité au cours des années 2010, après le *Grenelle de l'Environnement*.

Enfin, par une mise en perspective à l'international, une grille de lecture analytique des écarts entre agriculture biologique et agroécologie est établie (Bellon 2016).

Ces chantiers de recherche lexicale de qualifications sont vastes, infinis (Bellon 2000) et mouvants et disent peu de la réalité des agriculteurs. *A priori* et essentiellement centrées sur l'agriculture biologique qui serait plus facilement et rapidement modélisable, ces recherches, faits principaux des agronomes et sociologues, tendent vers l'unique finalité de modéliser un "dire comment il faut faire autrement". Selon la logique rationnelle de maîtrise des aléas en agriculture, de nouveaux itinéraires agrotechniques et des variétés résistantes aux maladies sont testés afin d'être déclinés en modèles descendants par un mode de développement du conseil agricole inchangé quant à ses finalités. Car, ces modèles ne sont pas opératoires à long terme quand c'est l'agir en situation d'incertitude qui questionne le savoir (Moneyron 2013). Nous notons que si ces frontières, ces limites tiennent sur le papier, elles ne nourrissent en rien la pertinence du savoir en acte et la mise en agir individuel et collectif pour une autre agriculture.

En 2014, le rapport Potier[11] souligne que des postures descendantes de diffusion de la connaissance technique et scientifique deviennent inopérantes dans le contexte du changement nécessaire à exercer en agriculture. Il pointe également qu'en situation d'aléa climatique, c'est-à-dire face à des situations non prévisibles, cette volonté de décliner les pratiques multiformes des pionniers de l'agroécologie sous formes de bonnes pratiques standardisées ne peut qu'être mise à mal. En effet, formalisées et normalisées, les pratiques deviennent celles des experts qui se les sont appropriées. Elles sont coupées de la réalité quotidienne et changeante de l'agir en situation d'incertitude spécifique notamment à l'agroécologie (Moneyron 2013).

Nous savons que le développement agricole dans les années 40, puis les années 60, fut imposé et décliné selon un modèle unique descendant de modernisation, modèle inadapté à la réalité quotidienne et pour lequel les agriculteurs ont du apporter de nombreux ajustements et réaliser des apprentissages individuels et collectifs *in situ*, qui n'ont jamais été reconnus comme venant de leur expérience quotidienne réfléchie et partagée. Après 25 ans de politiques agro-environnementales européennes, la méconnaissance par la recherche et le développement de la complexité et de la pertinence de la diversité des pratiques existantes en lien avec la diversité des terroirs et de l'intérêt de leur étude. La prise en compte de ces pratiques pour modéliser *l'AB*[12], selon la science de gestion des compétences réduit la formation à sa seule finalité de professionnalisation. Pour autant, *le* modèle uniforme préconçu tant souhaité n'existe pas, car partout ''ça bricole'', et ce ''ça

[11] Potier D., 2014, Pesticides et agro-écologie : les champs du possible, http://agriculture.gouv.fr/ministere/pesticides-et-agro-ecologie-les-champs-du-possible

[12] « L'agriculture biologique comme prototype », INRA, façsade n°2011/33.

bricole" est garant de l'intelligence de celui qui fait et il est la trace de la résistance du réel à se fondre dans *le* modèle unique.

Un modèle unique pourra-t-il et devra-t-il exister pour l'agroécologie ? En tout état de cause, les agricultures et la recherche et le développement se trouvent au pied du mur, devant une urgence de changement de raison.

L'écriture réflexive proposée ici se concentrera sur la mise en forme de cet *Autrement*, cet impensable selon une posture de recherche pré-établie qui s'obstine à décliner les agricultures en itinéraires techniques et en trajectoires humaines qui font abstraction : des trans-formations personnelles, des façons multiples d'appréhender la complexité de chaque situation vécue, des relations homme-nature dans le travail en agricultures. Comment penser et agir cet *Autrement* de l'agroécologie, mais d'une autre manière. Comment éclairer ce point aveugle aux facettes complexes pour des changements durables et vivables du travail avec la nature ? Comment faire émerger la complexité de cet *Autrement* en Formation pour repenser son accompagnement ? Comment articuler pratiques et valeurs agricoles – valeurs au sens de Dewey – qui forment, dans/par l'action et la réflexion, des façons plurielles d'habiter et de travailler la terre vécue comme : « notre écoumène » (Berque 2000) ?

Face à l'actuel engouement sociétal et politique annoncé pour des agricultures dites alternatives qui porteraient intrinsèquement d'une seule et même voix-voie *LA* solution, c'est avec une prudence certaine, qui n'exclut pas une certaine audace, que nous progressons dans nos recherches. Sans cette prudence attentive, car faisant nous-même partie de cette société, ce serait ignorer les idéologies ambivalentes qui ont rodé, et qui rodent encore, autour des discours à leur propos, et qui émaillent ces agricultures dites alternatives. En miroir à ces remarques qui résultent des années passées dans le monde agricole, à propos de l'agriculture biologique, Christine César leur donne corps et contenu : « L'efficacité symbolique du discours de l'agriculture biologique en France recèle une ambivalence qui déployée permet de comprendre comment s'est orchestré autour des "produits bio" le passage de la "nostalgie communautariste" agrarienne des années 1940 (nourrissant une pensée d’extrême droite) à l’utopie communautaire anti-conformiste des années 1970. […] Plusieurs mécanismes constants fonctionnent dans une idéologie comme dans l’autre : la dénonciation du matérialisme productiviste, la mystification du passé et l’essentialisme attribué à la Nature » (César 2003 : 193-194). Et de conclure, « L’analyse d’une genèse complexe rappelle que la promotion d’une ”agriculture naturelle” n’est pas toujours en soi un argument neutre, anti-historique ou simplement de gauche » (*ibid* : 206).

1.2-2 : Agroécologie : à la fois nécessité et impasse en formation

Les crises sanitaires des années 1990 et la mobilisation de la société civile accélèrent la mise en œuvre des mesures agro-environnementales européennes pour tenter d'infléchir les incidences écologiques et sanitaires des modes de production agricole. L’État français, en 2008, avec le *Grenelle de l'Environnement* et son plan *Ecophyto 2018*, définit sur dix ans, par une approche de type ”la fin justifie les moyens”, l'objectif d'une diminution de moitié des produits phytosanitaires, en agriculture (et hors agriculture) et le développement de *l'AB*. En 2012 les réalisations sont en deçà des objectifs annoncés, mais l'inflexion écologique de l'agriculture n'est pas remise en question. Le projet Le Foll, *Agroécologie Produisons et Formons autrement* veut renforcer les axes – environnement, santé, social – de l'agriculture, notamment par le biais de la formation. Les attentes de *La* solution permettant d'accéder à la réalisation de ce nouvel impératif sont extrêmement fortes de la part de l'ensemble des acteurs/métiers du monde agricole. Aujourd’hui, après celui du développement durable, dans la recherche et la formation en agriculture le concept d'agroécologie s'insinue dans tous les discours et les publications, sans changement notable dans les modes de raisonnement et de rapport au réel.

Depuis 25 ans, les injonctions agroécologiques, simples dans leurs énoncés, cachent les réalités multiples et complexes qui soutiennent la connaissance fine, implicite et explicite des modes de raisonnement du travail *Avec* le vivant. « La co-évolution développement-environnement est à la fois irréfutable et souhaitable avec son cortège de durabilité, de précaution, de biodiversité. Mais, autrement. Par exemple, "l'agro-biodiversité" est une pratique paysanne beaucoup plus courante qu'on ne le croit. Elle procède d'une connaissance et d'une diversité culturelle qu'on ignore ou que l'on veut ignorer » (Bertrand 2000 : 8). La formation des actifs et des futurs actifs en agriculture (exploitants, salariés et conseillers) est ainsi confrontée à des limites, des frontières, des passages à inventer et à interroger autrement. Dans une perspective construite et réfléchie sur et pour le long terme, comment se forme autrement la vision de ceux qui font au quotidien. Remettre la Terre habitée, « l'écoumène » (Berque 1996, 2000), au centre de la réflexion à propos du travail en agriculture, sans oublier qu'elle tourne autour du soleil sans être le centre du monde. Le monde n'a pas de centre, il évolue dans et à travers une constellation de niveaux de complexité. L'agroécologie est pour nombre d'agriculteurs un concept flou, mais pas abstrait en tant que réalité bio-logique qu'ils observent et sentent quand son approche modifie leur quotidien de travail et d'observation dans et sur l'action avec le réel.

1.2-3 : Pour une mise en Relation : la nature plutôt que l'Environnement

Enfants nous faisions pipi dans la nature parce que l'Environnement n'existait pas. « La nature-problème est alors qualifiée d'environnement, référence selon laquelle se mesure les effets de la dénaturation progressive et les maux qui en résultent » (Balandier 1993 : 122). L'urbanisation exponentielle a contribué à l'inventer pour redéfinir notre rapport à la nature et nous éloigner de notre imaginaire perceptif et sensoriel. Évitant ronces et orties, impuissants quant aux "petites bêtes", par l'épiderme de notre peau nous apprenions la botanique et l'entomologie. La nature s'écrivait avec un *n* minuscule. Nous avions peu de Culture à lui opposer, des envies pressantes et juste un vélo qu'il fallait se partager à plusieurs.

Est-ce à cause de cette minuscule expérience maintes fois répétée, que dans nos travaux à propos de l'exploration du savoir d'expérience dans le travail agricole *Avec* le vivant, les dimensions sensibles, expérientielles, contradictoires, comme ces petites bêtes, reviennent nous titiller. Environnement, Nature, dans l'infini des écrits et des auteurs il était nécessaire de choisir ici un terme pour un usage clair, ou presque, sans perdre notre problématique et notre lecteur dès le commencement du chemin.

Dans les travaux que nous avons pu mener durant toutes ces années, avec les éléments qui l'entourent, l'enveloppent, parfois le repoussent, l'agriculteur ne se situe pas selon un rapport analytique de situation-problème environnementale, mais dans le réel quotidien complexe homme-nature.

La notion d'environnement est créée à partir de l'intérêt grandissant porté sur les risques inhérents aux activités des sociétés humaines. Dans le débat Nature/Culture, elle permet de parler de manière plus neutre, moins affectée, de ce qui entoure l'Homme, la part de la Nature qui lui est extérieure. Le terme environnement, rappel Callicott (2009), pose deux acceptations dialectiques de la relation : celle despotique de maîtrise, et/ou celle bienveillante d'intendance. Propos que tenait déjà Balandier : « alors que la technique encore modeste avait pour fonction de la domestiquer et de l'exploiter *(la nature)*. Deux voies sont ainsi ouvertes, l'une à la recherche de la communication, l'autre à la recherche de la maîtrise et de la possession » (Balandier 1993 : 113). Dans leur large opposition ces acceptations relèvent néanmoins d'une vision anthropocentrique. L'environnement comme concept propose une lecture surplombante du monde des relations homme-nature. Il en écarte des dimensions fondamentales, parce que considérées comme irrationnelles par la connaissance : l'imaginaire, le corps, le sensible.

Rester sur la dialectique homme/environnement, verrouille le questionnement pour notre mise en recherche vers une connaissance, vérifiée et partageable, construite collectivement du *Autrement* des changements et des passages en agroécologie. Pour nos approches de recherche-action-formation en agroécologie, le terme de nature nous paraît plus polymorphe. Il permet de situer un ailleurs, de tenter de qualifier une autre voie, celle d'une dialogique de la complexité de la relation et des inter-retro-actions permanentes homme-nature par et dans le travail quotidien avec les éléments, le vivant plus ou moins sauvage ou plus ou moins domestiqué. Cette permanence est problématique, c'est elle qui nous pousse à remplacer le *N* par un *n* de nature pour tenter de l'explorer. « Ce que l'Occident a considéré, le jour où il l'a découvert, comme "naturel" n'est qu'un moment particulier d'une longue histoire de ces écosystèmes et de ces sociétés. Au lieu de replacer les observations dans une perspective historique de temps long, on se réfère à ce moment singulier comme s'il représentait un parfait idéal à partir duquel tout se dégrade » (Rossi 2000 : 19).

Afin d'explorer ces interactions directes et réfléchies de l'homme au travail *avec* l'incertitude des aléas et non en lutte contre, nous userons ainsi du mot nature, avec un petit *n*, qui invite le sensible et l'imaginaire, plutôt que de celui d'Environnement qui est un instrument de mesure. En formation, l'entrée par le concept de nature plutôt que celui d'Environnement, n'est pas une simple question de proximité corporelle. Elle permet d'approcher et de complexifier les réalités du quotidien et d'un devenir en agriculture, qui relèvent plus de la dichotomie du domestique/sauvage que de celle de culture/artefact. Ce n'est pas non plus celle d'une *Politique de la nature*, avec la voie proposée par Bruno Latour (1999), ou le seul prolongement de l'éthique de la terre d'Aldo Leopold (2000, 2014), de l'abandon de toute séparation et distinction de principe entre l'humain et non-humain pour une mise en démocratie et une citoyenneté reconnue à chaque "chose". À l'extrême et à l'inverse de son intention, cette posture de Bruno Latour en regard de la Nature, n'est-elle pas une contribution à la « dénaturation » même de celle-ci (Dorst 1970) ? Il est certain que la Nature devient un enjeu politique avec ses Maisons de la Nature, qui veulent contribuer au développement d’un écocivisme dans les villes, qui gagne peu à peu les campagnes.

Parler de nature, plus que d’Environnement, ce n’est pas nier la part de responsabilité des activités humaines quotidiennes dans sa ”détérioration”, au contraire c’est ne pas la considérer comme un problème mais comme un agissant. C’est travailler à l’écoformation expérientielle d’un « savoir pour l’éthique » (Varela 1996), une éthique de l’action avec la nature, non comme morale environnementale mais comme agir moral incorporé en réciprocité permanente avec la nature. « Faire son devoir n'est souvent ni simple ni évident, mais incertain et aléatoire : c'est pourquoi l'éthique est complexe. […] Tout regard sur l'éthique doit percevoir que l'acte moral est un acte individuel de reliance » (Morin 2004 : 16). Acte de reliance également souligné par Robert Harrison (1992) à la fin de son propos lorsqu’il nous invite à penser une ”frontière d’extériorité”, pour résider non *dans* la nature, mais en *relation* avec elle.

C’est avec Édouard Glissant, que nous pouvons poser ce que porte en lui un imaginaire de la Relation dans le travail avec les éléments exprimés et écoutés dans les agirs et les conversations de ceux qui font. « Il n’y a pas que cinq continents, il y a des archipels, une floraison de mers, évidentes et cachées […] Ces inextricables et ces inattendus désignent, avant même de les définir, la réalité et le sens du Tout-monde […] Nous ne voyons plus le monde en manière grossière et projective […] Nous entrons maintenant et au contraire dans un infini détail, et d’abord nous en concevons de partout la multiplicité. […] Leurs détails engendrent partout, de partout, la totalité. Le détail n’est pas un repère descriptif, c’est une profondeur de poésie, en même temps qu’une étendue non mesurable. Ces inextricables et ces inattendus désignent, avant même de les définir, la réalité et le sens du Tout-monde » (Glissant 2009).

1.2-4 : Penser et travailler quotidiennement avec la complexité de la nature

Les agricultures dites marginales font l'objet de recherches disciplinaires : ethnologie, agronomie, zootechnie, sociologie. Ces démarches relèvent et retiennent pour essentielle la part visible, modélisable et didactisable des pratiques agricoles pour construire des modèles de lutte contre la nature. Tandis que la « pensée complexe » (Morin 1974) du travail avec la nature sous-tendue dans la mise en acte est souvent stigmatisée comme étant idéologique, empirique, archaïque, sauvage. L'écueil à long terme est prévisible de s'obstiner à formaliser et décliner par des modèles des pratiques agroécologiques à partir de connaissances formelles descendantes, car « le monde n'est pas quelque chose qui nous est donné: c'est une chose à laquelle nous prenons part en fonction de notre manière de bouger, de toucher, de respirer et de manger » (Varela 1996 : 43). Identifier, ne signifie pas prendre le savoir des praticiens pour le valider selon une vision utilitariste (Caillé 1989) qui relègue le non-modélisable, dont l'imaginaire du travail, en hors-norme car non rationnel, que l'on étudiera plus tard, peut-être, mais doit signifier inclure la complexité du réel du travail avec le vivant : le travail réalisé dans des espaces et des lieux ouverts, où l'aléa est primordial tant dans le travail que pour la formation des savoirs.

Comment explorer ces autres chemins, ceux non-modélisables circulant par d'autres rapports avec la nature, ceux du *faire autrement* et du accompagner cet *autrement* du faire ?

Même si avec l'agroécologie il s'agit encore d'une forme de domestication, peut-elle se réaliser en renouant le dialogue entre l'intérieur et l'extérieur de la nature et non en persévérant uniquement dans la logique de maîtrise et d'exploitation portée par de nouvelles technologies plus performantes qui se targuent aussi d'être plus écologiques ?

Chap 1.3-
La formation d'un eco-savoir : une voie du *Autrement*

L'agroécologie vers laquelle il faudrait tendre, va-t-elle demeurer anthropocentrée, ou saura-t-elle se saisir de cette occasion pour réorienter, vraiment, les modes de production agricole à la complexité de la vie et s'ouvrir à une prise de conscience du caractère vital qui lie l'Humanité avec la Terre, l'Eau, L'Air, le Feu ? Lorsque pour la mise en place du projet agroécologique, les savoirs et les modes de travail en agriculture qui se sont construits selon une raison non utilitariste avec la nature, suscitent un intérêt et un nouveau regard : comment éviter le travers simpliste confortable, posture descendante vis-à-vis du savoir, qui consiste à en faire l'ethno-inventaire pour leur modélisation et leur gestion aux seules fins de la vulgarisation agricole (Roland 1984) ?

Parce qu'enfoui dans les expériences vécues avec la rudesse et la poésie des quatre éléments –Air, Eau, Terre, Feu, dans les mémoires écologiques, les mémoires intergénérationnelles par l'observation répétée et quotidienne, le geste agroécologique se forme par contacts répetés, directs et réfléchis.

Comment reconnaître leur écoformation pour penser la formation du *Autrement* ?

Comment identifier ces eco-savoirs selon une posture inversée et complexifiée des apprentissages informels qui les sous-tendent dans la relation homme-nature *Avec* le vivant ?

1.3-1 : Explorer le Autrement du savoir en agricultures

Dans le contexte de changement vers l'agroécologie, ce n'est pas simplement une crise de la connaissance qu'il s'agit de poser. Le terme de crise suppose que l'état du "comme avant" pourrait revenir, se re-présenter. Or, cet état d'un avant qui serait l'état "normal" est impossible à retrouver, à recomposer, le tout et chaque chose ayant évolués par ailleurs. Le nécessaire, voire l'urgence, est de construire autrement la connaissance en intégrant cet état de crise. Dans un monde qui, de par son existence même, est complexe, mais dont la complexité a toujours été mise entre parenthèse et en attente que quelque chose se passe comme par une sorte de miracle. Ainsi, en recherche et en formation, se saisir vraiment de la complexité devient une urgence, et cette urgence ne peut être pensée et étudiée avec les outils disciplinaires d'avant le temps de la crise, ceux de la logique stratifiée de la connaissance disciplinaire. Pour une connaissance ouverte en agroécologie, incluant le tiers-nature, notamment ses temporalités longues et ses relations complexes avec l'humain, des recherches transdisciplinaires doivent être construites et menées.

Les réalités de nos pratiques et nos recherches-actions-formations en accompagnement des passages vers une agriculture eco-logique non normative et standardisée ont montré que l'aléa et l'imaginaire sont les pivots du penser et de l'agir quotidien avec le réel. Pour construire leurs eco-savoirs (Moneyron 1997) selon des alternances de temps de vie écoformateurs (Moneyron 1998), les praticiens de l'agriculture développent, dans l'action, une réflectivité pratique qui concentre l'alternance d'espace-temps et de contre-temps dans leur travail avec la nature. Ils sont alors en capacité de qualifier l'imaginaire à partir duquel se construisent et se mettent en œuvre leurs eco-savoirs. Cet imaginaire écoformé renforce l'efficacité de la présence à un monde où l'aléa est permanent et où il s'agit de *faire avec* et non de *lutter contre*. Pour le *Autrement* de l'agroécologie, contrairement à ce que nous pensons *a priori*, la plus grande lacune ne viendrait pas d'un manque supposé de connaissance mais également de la nécessité d'user autrement de la connaissance. « Pour articuler et organiser les connaissances, et par là reconnaître et connaître les problèmes du monde, il faut une réforme de la pensée. Or cette réforme est paradigmatique et non programmatique : c'est la question fondamentale pour l'éducation » (Morin 2000 : 35). Il s'agit d'explorer de manière urgente le comment opérer ce passage d'une exploitation réflexe, industrielle mercantile de l'Air, l'Eau, la Terre et le Feu [13] ? Ainsi, même si sa mise en œuvre demeure une question épineuse, comment remplacer la voie d'un enseignement monodisciplinaire de savoirs techniques en agriculture, par une écoformation permanente multidisciplinaire et multiforme laissant se faire les eco-savoirs.

1.3-2 : De l'éducation à la Formation

En parcourant la place laissée à la nature dans l'histoire des sciences de l'éducation, il est possible de la situer chez les populations dites primitives, où « la nature est l'école, le livre est le maître… tous les objets rencontrés dans le milieu (la forêt ou steppes) fournissent d'incessantes leçons de choses. Cette éducation avait, et a encore là où elle perdure, pour objectif de mieux préparer l'enfant à la lutte pour la vie » (Guérin/Vertefeuille 1960 : 2). Il s'agissait, et il s'agit encore, de se défendre des agressions de la nature par des improvisations permanentes nécessaires à la survie. Peu à peu, l'homme se délie de cette emprise, de ce contact abrupt avec la nature selon une logique avant tout agraire, où chaque membre de la société participe à la cueillette et à la production. Entre nomade et cueilleur, sédentaire et agriculteur, le contact Homme/nature se modifie, devient plus lâche, la transmission se fait plus par imprégnation et avec les pairs, la formation du savoir est vitale.

Une scission s'opère également entre citadins et ruraux.

---

[13] Depuis la première conférence de Rio (1992), à la suite de Gaston Bachelard rare auteur moderne à avoir saisi le potentiel auto-cosmogonique des quatre éléments, le GREF, Groupe de Recherche sur l'ÉcoFormation, à partir d'expériences individuelles et collectives de prise de conscience et de mise en forme avec eux, réalise des travaux de recherche-action sur leur pouvoir écoformateur/déformateur/transformateur,. Quatre ouvrages du GREF publiés chez L'Harmattan ponctuent ce travail de façon discrète mais tenace, aux frontières des organisations et des émergences d'une conscience environnementale.

Au 18ème siècle, la Nature, avec le romantisme, avait trouvé une place en dehors de la sphère agricole. Et, si cette place peu paraître mondaine, ce siècle produira des travaux scientifiques de premier ordre pour la connaissance en agriculture. L'étude et les classifications des espèces sont le fondement des travaux du naturaliste Buffon avec son *Histoire naturelle* parue de 1749 à 1804. En matière d'éducation, à travers son ouvrage Émile *ou de l'éducation* publié en 1762, Rousseau proposera trois guides pour une éducation harmonieuse de l'enfant, « cette éducation nous vient de la nature, ou des hommes ou des choses. Le développement interne de nos facultés et de nos organes est l'éducation de la nature ; l'usage qu'on nous apprend à faire de ce développement est l'éducation des hommes ; et l'acquis de notre propre expérience sur les objets qui nous affectent est l'éducation des choses. Chacun de nous est donc formé par trois sortes de maîtres » (Rousseau 1992 : 7). Si Rousseau a lu Buffon, « il doit beaucoup à Condillac. Chez ce dernier comme chez lui, il n'y a pas l'opposition entre la raison et les sens que l'on trouve chez les cartésiens : c'est par l'expérience des sens que l'enfant acquiert son savoir, c'est par l'éducation des sens qu'Émile apprendra à bien conduire sa raison et à former son jugement » (L'Aminot 1992 : XXV). Pour accéder à cette éducation qui nous vient de la nature, il faudra que l'enfant développe l'acuité de tous ses sens, et le corps en mouvement sera le support de la compréhension : « ce n'est que par le mouvement que nous apprenons qu'il y a des choses qui ne sont pas nous et ce n'est que par notre propre mouvement que nous acquérons l'idée de l'étendue » (Rousseau 1992 : 44). Pour Rousseau, le mouvement est double : « j'aperçois dans les corps deux sortes de mouvements, mouvement communiqué, et mouvement spontané ou volontaire. Dans le premier, la cause motrice est étrangère au corps mû et dans le second cas elle est en lui-même » (*ibid* : 328).

À la suite du 18ème siècle, l'éducation à la nature s'adresse principalement aux enfants et sera présente dans différents courants éducatifs et pédagogiques Maria Montessori, Celestin Freinet, dans différents mouvements de jeunesse, scoutisme, colonies de vacances, associations sportives. En éducation, la séparation entre nature lieu de loisir et nature lieu de travail va s'opérer de manière grandissante.

En Europe occidentale à partir du 19ème siècle et avec la mécanisation et l'industrialisation, l'éducation aux nouveaux savoirs agricoles standardisés ce sont les « professionnels de l'enseignement et de l'éducation qui s'en chargent » (Mendras 1995 : 5). Ce savoir enseigné dans les écoles est d'abord oral, puis rapidement au cours de transcriptions successives dans des manuels et par des modèles, il se détache des choses quotidiennes, la nature et sa complexité perd sa primauté en tant que support essentiel aux apprentissages.

John Dewey, ouvre l'éducation au monde des adultes avec la problématique de l'expérience comme support d'apprentissage : « l'éducation doit être fondée sur l'expérience, qui est toujours l'expérience actuelle et vitale de quelqu'un » (Dewey 1947 : 94). En 1925 il écrit *Expérience et Nature,* puis en 1947 *Expérience et Éducation.* Pour lui l'expérience directe est primordiale, « en éducation la vie est indispensable. Elle est une réaction incessante à un environnement qui nous stimule incessamment » (Dewey 1947 : 7). En formation, l'expérience directe du monde devrait-être considérée comme une entrée de compréhension du monde en soi, à part égale avec les matières enseignées : « il n'est pas, de par le monde, de discipline plus sévère que celle de l'expérience » (Guérin/Vertefeuille 1960 : 303).

Éducation et Formation, deux concepts dont les rapports sont difficiles et contrariés. Ce n'est qu'en 1994 que le terme de « formation » fera sa première entrée dans un dictionnaire consacré à cette discipline. Gaston Pineau rappelle qu'elle a au 12ème siècle précédé de deux siècles le terme d'éducation, pour disparaître et ressurgir dans les années 20 dans le domaine de l'apprentissage. « Étymologiquement, elle renvoie à un processus unificateur de mise ensemble, en sens, d'éléments et moments autrement séparés » (Pineau 1994 : 438). Le mot *former* « est en équivalence avec créer, constituer, composer, concevoir. Il signifie donc une intervention très complète, où l'être et la forme sont indissociables. [...] La formation ne se fait pas à partir de rien, mais en mettant ensemble, en rapport, en contact, différents éléments. C'est cette mise en rapport qui la constitue » (*ibid* : 439). Car, « quels que soient leurs parcours scolaires et leurs trajets professionnels, les adultes font usage de leur vie comme lieu de formation » (Dominicé 1996). Mais « de façon plus générale, la formation en tant que processus de changement modifiant le cours de la vie d'un groupe ou d'un individu demeure encore très ignorée » (*ibid* : 12).

Dans les flux des différents mouvements de ce débat éducation/formation, l'éducation serait plutôt de l'ordre de l'institué. Selon notre posture en formation des adultes en agriculture, il importe de poser dès le commencement l'acte de formation comme un acte émancipateur du sociétal, du réel, de soi-même. Il s'agit de vivre et d'expliciter sa propre formation ; de laisser chacun élaborer sa connaissance en trans-formation des allers-retours entre une critique personnelle et une reconstruction en écho de celles des autres. Développer cette contradiction raisonnée et partagée, c'est accompagner un acte politique individuel et/ou collectif.

En recherche cette posture de décolonisation d'une éducation de l'esprit, laissant la voie à sa possible formation nous vient à la fois de l'expérience directe de notre propre auto-éco-formation avec une dominante de celle avec la nature, mais également de la réflexivité trans-formatrice du savoir d'expérience.

Dans les travaux de Paolo Freire (Freire 1980), qui se développent dans des géographies très différentes de la nôtre, nous trouvons des éléments structurants pour les avancées de nos recherches-actions-formations. Il s'agit en aucun cas de formaliser et de dupliquer à l'identique une méthode ou des éléments émergents des savoirs co-construits. Ainsi, le changement de rapport au savoir et à la connaissance institués ne vient pas en opposition, mais opère un dépassement du clivage binaire pour accéder aux passages vers l'agroécologie, où tout les savoirs et les connaissances et leurs modes de constructions doivent être mobilisés et vérifiés afin de dépasser la représentation unique des modèles agricoles technicistes aux solutions finalisées réduisant le réel vécu et étudié à des situations-problèmes morcelantes.

Le *Autrement* de la formation à l'agroécologie demande de remettre l'autonomie (individuelle et collective) en dynamique avec l'exigence écologique. Reprendre le pouvoir sur ses savoirs avec la nature, suppose une subversion de l'agriculteur vis-à-vis des propositions technologiques consuméristes des modélisations d'une ''agriculture intensément écologisée''. Elle ouvre une voie possible pour ce que Goethe, en romantique, évoquait dans son *Faust* : « l'incapacité du savoir livresque à rendre compte de la *force formatrice (bilden Kraft)* de la Nature » (Goethe 1964 : 67).

Ces penseurs-chercheurs ouvrent les perspectives de la formation à la complexité du *Autrement* : « sentir, faire et penser la formation obligera à combiner apprentissage existentiel, instruction scientifique et éducation professionnelle » (Pineau 1994 : 441).

1.3-3 : Savoir et rapport au savoir avec la nature

Enseignants, formateurs, chercheurs en agriculture, abordent la question du savoir en « espèces classés dans de méticuleux inventaires à la Linné » (Charlot 1997 : 71). Il existe alors des « savoirs pratiques, théoriques, procéduraux, scientifiques, professionnels, opératoires, etc. Il y a là une intuition juste : le savoir n'existe qu'en des formes spécifiques [...] de rapport au monde » (*ibid* : 71).

Selon la posture d'une formation tout au long de la vie, cette approche catégorielle du savoir n'a pas de sens. S'extraire des catégorisations permet de dépasser la dualité savoir savant/savoir pratique et sa gestion utilitariste. Il n'existe pas de savoir absolu. Le savoir est la formation permanente de notre rapport au monde. Mais, si le savoir n'est ni pratique ni théorique, « s'il est rapport au monde » (*ibid* : 71), comment sortir de l'agaçante comptine du savoir/savoir-faire/savoir-être afin de s'interroger sur ce rapport pratique à la complexité du monde dans la formation tout au long de la vie ?

Dans les recherches en formation des adultes, les travaux de Dewey, Legroux, Lerbert, font émerger les spécificités de chaque terme de la triade *Information-Savoir-Connaissance* à travers leurs alternances temporelles et sociales, « le savoir constituant une interface cognitive socialement organisée entre les deux » (Pineau 2009 : 210). La connaissance, selon son étymologie de naître avec, est le cognitif dont le niveau d'incorporation, par contact direct affectif et réfléchi, avec les éléments de l'environnement est tel qu'il devient de l'ordre du réflexe. La connaissance est implicite, elle est le capital bio-cognitif que chaque individu construit de manière permanente tout au long de sa vie. En l'état elle n'est pas transmissible. À son opposé, l'information est autonome, indépendante et extérieure aux personnes. Elle est « stockable, quantifiable, circulante » (Legroux 1989 : 211). Ces deux pôles *Information* et *Connaissance*, Jacques Legroux les caractérisait également par la notion des temps d'acquisition. Le temps de l'Information est « un temps diachronique [...] qui s'organise d'après le temps des pendules » (*ibid* : 225), celui de la Connaissance est « un temps synchronique [...] considérant la personne comme une totalité en interdépendance avec son environnement » (*ibid* : 225). Ces temps d'apprentissages aux cours d'interactions homme-nature sont perçus différemment selon l'âge de l'individu et les liens qu'il tisse, jour après jour, nuit après nuit, avec la nature immédiate et/ou lointaine.

Au cours de nos recherches-actions-formations, émergent les dimensions d'une écoformation vitale construite lors des interactions complexes quotidiennes de l'Homme au travail *Avec* les éléments. En formation, pour comprendre, identifier et faire reconnaître cette complexité il devint alors nécessaire de construire le concept d'eco-savoir.

1.3-4 : Chemin faisant : construire et éprouver le concept d'eco-savoir

Penser au risque d'une nécessaire acceptation des formes métisses de relation et de vision formées avec le monde, n'est-il pas le propre de l'attendu de tout mouvement de recherche. L'élaboration du concept d'eco-savoir en 1994 doit sa mise en doute par notre contact direct avec l'estive et sa re-mise en réflexion avec des bergers transhumants en montagne. Le pôle *ECO* est beaucoup plus qu'un préfixe, son heuristique complexe relève pour nous tout autant des paroles des praticiens à partir de leurs espaces de travail et de vie que de la *théorie tripolaire de la formation* de Gaston Pineau (1991). Ce dernier revitalise la théorie éducative des trois maîtres de Rousseau en trois pôles de la formation expérientielle : « auto-soi, eco-les choses, hetero-les autres ». Ces trois préfixes ouvrent à l'anthropo-formation – la complexité des formations/transformations permanentes de l'humain – et permettent d'extraire la fonction *Formation* de la seule sphère professionnelle où elle se trouve reléguée. Avec les préfixes « auto-éco-co-ré-organisateurs » proposés par Edgar Morin, la création de « ces nouveaux concepts en formation peuvent dérouter et agacer, mais ils constituent un moyen indispensable pour traiter de nouveaux problèmes » (Pineau 2005 : 1). Cette théorie tripolaire autoformation–hétéroformation–écoformation, et aussi celle de la triangulation de base de la vie – individu – société – nature d'Edgar Morin, « dont la simplicité n'a d'égal que sa complexité » (*ibid* : 5). Dans notre système éducatif domine le pôle de l'hétéroformation – celui des parents, professeurs, éducateurs qui se relaient pour enseigner les savoirs formels d'usages d'une société dans un temps historique donné – où seule la raison formelle est sollicitée. L'hétéroformation tient loin à l'écart « raison contradictoire » (Wunenburger 1990) et « raison sensible » (Maffesoli 1996), ces raisons qui participent de la construction du savoir.

Envisager les passages des savoirs vers l'agroécologie, à partir de la théorie tripolaire de la formation, ouvre de nouveaux possibles. La reconnaissance des grands oubliés de la formation expérientielle, auto et eco, bouleversent, dans un rapport inversé au monde (non plus dominant mais dialogique), la reconnaissance du savoir et des pédagogies pour le *Autrement* de la formation à l'agroécologie. Dans les agricultures qu'elles soient centrées sur le végétal, l'animal, la poly-culture-élevage l'acceptation des perceptions et des expériences personnelles comme support de changement ne peut se réaliser que selon un rapport inversé avec le réel.

Pour cela, la conceptualisation d'un eco-savoir devenait nécessaire. Si elle s'est nourrie dans sa formalisation de la théorie tripolaire, elle s'est d'abord confrontée aux résistances émergeant d'une réalité qui résistait, dans sa complexité et son intelligence du ''faire-penser avec'' aux concept existants. « Travailler un concept, c'est en faire varier l'extension et la compréhension, le généraliser par incorporation des traits d'exception, l'exporter hors de sa région d'origine, le prendre comme modèle ou inversement lui chercher un modèle, bref, lui conférer progressivement par des transformations réglées, la fonction d'une forme » (Canguilhem 1967). Ce concept d'eco-savoir permettait, à ce moment-là, de saisir et de rendre visible en le posant le spécifique du travail quotidien avec le vivant non maîtrisable dans sa totalité pour re-construire des formations à la transhumance (Moneyron 1997). Certains s'en sont saisi rapidement, dans un contexte où tout ce qui était ''éco'', notamment en éducation à l'Environnement et en agriculture n'était pas une quête, mais devenait l'objet d'un impératif. Pour notre part, ce sera par des aller-retours constants et répétés entre inscription directe au réel et transcription étayée, durant 30 années, que nous pensons l'avoir fait passer d'irruption heuristique à concept opératoire. Il permet de reconnaître et de nommer la complexité qui s'offre dans les recherches-actions-formations en agricultures avec les adultes.

L'eco-savoir ne peut être uniforme et modélisé de manière définitive car, il sollicite la logique du vivant comme "tiers-inclus" formateur de l'apprentissage et postulat d'évaluation des potentiels des situations. Il est à la fois : – un savoir du lieu : qui demande d'évaluer et d'agir selon le potentiel d'une situation. *Aucun berger n'applique la même façon de faire partout, les mêmes trucs sur tous les lieux de garde ni s'y prend de la même façon avec tous les troupeaux ;* – un savoir cinétique : qui est le mouvement alternant et répété de l'action de la Personne *Avec* les éléments de la nature. *Pour que le troupeau profite, il faut que les forces du berger et des éléments soient en harmonie ;* – un savoir du geste : qui est la saisie du moment juste de l'intervention dans la situation. *À travailler chaque jour sur le monde de son troupeau, le berger frôle et repousse chaque moment ses propres limites.*

1.3-5 : L'écoformation : le Autrement de l'agroécologie

Explorer la formation du *Autrement* des passages vers l'agroécologie par le concept d'eco-savoir, c'est accepter une relation inversée de la co-construction du savoir selon le rapport complexe homme-nature. Ce n'est pas aller chercher les savoirs de terrain pour les inclure/exclure d'un modèle descendant ou les opposer aux savoirs hétéroformés, c'est les expliciter pour interroger et repenser le savoir. Être-former *Avec* la nature, c'est être formé par la nature dans un rapport d'échanges permanents, c'est être ecoformé. Cette approche en formation repose sur une pédagogie de la relation inversée au réel, au vivant considéré comme le tiers formateur inclus. Il ne s'agit plus d'ajuster la complexité du réel à un objectif par la contrainte sur la base des savoirs formels préexistants à acquérir ou à mettre en œuvre, mais d'ajuster et de construire des eco-savoirs laissant discrètement la primauté à l'intuition, l'imaginaire, le sensible et le corps. Discrètement, car « dans discrétion, il y a, étymologiquement, *discerner* ; la discrétion est donc une réserve qui discerne, qui est éclairée » (Le Littré[14]).

Au delà d'être un lieu d'application des savoirs agricoles, l'expérience devient cet espace-temps de discernement par

[14] Littré : www.littre/org/definition/discretion.

l'acceptation d'un espace-temps de laisser-se-faire, où se conjuguent nature, imaginaire dans un agir écologique.

Un eco-savoir articule les potentialités des milieux, dépasse le clivage Nature/Culture pour se former dans un rapport permanent *Avec* les éléments. Il est le résultat d'une expérience écologique sensible et socialement réfléchie qui place le réel au centre des questionnements et des valeurs de l'agir. Pour permettre sa formation et sa transmission, il s'agit d'aller voir « dans les sociétés autre chose que des relations humaines et de ne plus ignorer un réel incommode, s'ouvrir à une réalité qui inclut à la fois le réel et l'imaginaire. La réalité pratique peut alors être réfléchie comme un pli de l'ensemble des niveaux de perception », selon une approche complexe, là où « le réel est un pli de l'imaginaire et l'imaginaire est un pli du réel » (Nicolescu 1996). La transformation de l'expérience directe en eco-savoirs, demande, au-delà du changement de technique, d'entrer dans une relation inversée avec les éléments, où le réel agissant avec l'Homme au travail avec la nature (et non plus un réel subissant l'intervention humaine) forme le savoir. Il requière une observation fine en continue de la situation et de ses potentiels où raisonnement et agir se développent non pas selon une logique de maîtrise, mais selon une posture de vigilance : « la propension et l'occasion : ne rien faire ; et que rien ne soit pas fait » (Jullien 1996).

Dans ces passages vers l'agroécologie circule une « raison contradictoire » (Wunenburger 1990) qui accepte que tous les possibles s'actualisent et coexistent au cours de la mise en acte et du déroulement de l'action. Elle inclut les effets de « double contrainte » (Bateson 1977) que peuvent générer l'inclusion de la lenteur, la prudence, la curiosité, le réel, les sens, le rythme long et celui bref de l'instant opportun : le *kaïros* pour et sur la situation. Dans cette pensée écoformée, le clivage théorie/pratique n'a plus lieu d'être, et il faut abandonner l'idée d'un modèle qu'il s'agirait de construire à l'avance et de projeter comme finalité sur l'issue de la situation en cours.

Trois recherches-actions-formations transdisciplinaires

Dépasser la logique de l'enseignement des bonnes pratiques

« Nous ne doutons pas sérieusement que la réussite d'un mets ne tienne à un élément du même ordre que les autres : mais la ténuité en est si subtile, et perceptible à des terminaisons sensorielles si déliées que son rôle dans l'impression d'ensemble paraît négligeable ; ce n'est pas un facteur mystique, c'est une question de milligramme. » (Jankélévitch 1980 : 51).

Aujourd'hui, en agricultures, l'agroécologie est plébiscitée comme le modèle à suivre. Va-t-elle demeurer anthropocentrée, ou saura-t-elle se saisir de cette occasion pour réorienter les modes de production agricole à la complexité de la vie et s'ouvrir à une prise de conscience du caractère vital qui lie l'Humanité avec la Terre ? Lorsque pour la mise en place du projet agroécologique, les savoirs et les modes de travail en agriculture, qui se sont construits selon une « *raison non utilitaire* » (Caillé 1989) avec la nature, suscitent un intérêt et un nouveau regard, comment éviter le travers simpliste qui consisterait à en faire l'ethno-inventaire pour leur modélisation et leur gestion aux seules fins d'un enseignement formel et descendant du savoir ?

Les savoirs des agriculteurs issus de l'expérience, parce que relevant de l'informel sont ignorés et stigmatisés par les institutions, notamment scientifiques. Face à la prépondérance de l'enseignement institutionnel du seul savoir formel didactisable, « l'apprenant lui-même a du mal à reconnaître ses aptitudes d'autodidacte. Il résiste à l'autoformation […] il réclame que soit défini ce qu'il doit apprendre et comment il doit l'apprendre » (Dominicé 2000 : 7). Or, sur la question de travailler et de se former *Autrement* avec les éléments naturels non maîtrisables, nous avons montré à plusieurs reprises, et pour différents types de productions agricoles, que les savoirs informels qui y sont liés sont indispensables à "l'agir en situation d'incertitude" (Moneyron 2013). Ils sont peu transmissibles en l'état car écoformés, ce qui ne remet pas en question leur pertinence ni une part possible de leur généricité. Ce sont les modes de reconnaissance des savoirs et des pratiques, reposant sur la seule logique du formel qui ne sont pas pertinents pour repenser le rapport homme-nature dans l'agroécologie. En effet, le savoir informel, ne peut être appréhendé indépendamment des contextes précis dans lesquels il intervient, ni être isolé des valeurs (au sens de Dewey) et des modes de relations qui sous-tendent ses modes d'agir avec le réel.

Dans l'enseignement agricole, les valeurs sont perçues encore trop souvent en négatif du « Normal » et du sensé. Ce « normal » dont Canguilhem réfutait la pertinence pour la recherche (Canguilhem 1992). Dewey, ne conçoit pas les valeurs comme pensées abstraites. Il montre qu'elles sont produites dans le monde et dans l'expérience directe du monde. Ce sont des « faits spatio-temporels observables » (Dewey 2011 : 10) dans nos activités. « L'objectivité des valeurs est plutôt affaire d'enquête et d'expérimentation, autrement dit : d'exercice de l'intelligence dans le traitement d'une situation. Dès lors, les jugements de valeurs sont aussi objectifs que les jugements de faits » (*ibid*). Dans cette acceptation du terme de *valeur*, comment penser, en formation, le rapport de l'Homme au travail *Avec* la Nature Animale, Végétale, Minérale ?

Chapitre 2.1
Eco-savoir :
ne pas déformer la parole et le geste reçus

« La science manipule les choses et renonce à les habiter.» (Merleau-Ponty 1964 : 9)

Un jour de printemps, je traverse l'Hexagone par ce que certains géographes qualifient de "diagonale du vide", à la rencontre de A., berger transhumant. J'arrive chez lui, chez eux, sans prévenir, ils sont en pleine effervescence, rassemblant les stocks de nourriture et les ustensiles nécessaires au quotidien d'une famille et d'un troupeau. Avec leurs enfants demain matin ils partent pour l'estive. Nous discutons. Je me sens ridicule et déplacée face à leur fébrilité. J'étais venue lui offrir un exemplaire de *Transhumance et Eco-savoir*, dans lequel je parle de lui, de son expérience de recherche sur ses savoirs. Je ne sais pas pourquoi ce geste. Je ne le connais pas. Un hommage à son intelligence sensible de la montagne, à son expérience, à ses mots pour le tenter de la dire, à ses actes pour la partager et la faire reconnaître dans sa complexité. Par respect sûrement.

Quelques printemps plus tard je reçois une lettre. Sa lecture me donne le tournis et le papier me brûle les doigts :

Bonjour
La maison du berger a été inaugurée comme prévu au mois d'octobre. Oh pardon, « Le centre d'interprétation des cultures pastorales alpines ».
C'est beau, c'est clair et moderne. « La maison du berger est un élément de diversification touristique ». […]
On le sait depuis longtemps.
Vous saurez tout sur les bergères, les bergers, les éleveurs, les moutons et les bons tardons… manque juste ce dont tu parles dans ton livre les eco-savoirs, on pourrait même dire les eco-vivre ou les eco-être.

Comment dire cette "expérience" d'une saison en montagne ?

Utiliser le langage poétique au risque de ne faire que du mauvais Giono.

Multiplier les concepts abstraits au risque de tomber dans un jeu d'intellectuel ?

Et cette expérience peut-elle être transmissible ? Chacun ne doit-il pas reparcourir le chemin, seul, comme il nous faut accomplir seul notre propre chemin ?

Et cette expérience, n'est-elle pas trop éloignée de l'idéologie et du vécue, des valeurs de nos sociétés "techno-scientifiques-capitalistes" ?

Elles veulent construire un monde de plus en plus artificiel pour en contrôler tous les paramètres et ainsi se libérer de notre "aliénation au vivant", à la Vie…

Le berger, enfant de la montagne, choisit de s'engluer – totalement – pendant quatre mois – dans le biologique, de se mélanger à la vie d'un troupeau de bêtes herbivores, de se soumettre aux pulsations de la Montagne et de la VIe …

Zut, voilà déjà que je dérape dans un lyrisme pastoral !

Peut-on parler de "Peur" comme tu le dis ? Gravité devant le mystère du vivant plutôt.

Souci pour le troupeau, pour l'herbe (quand une période de mauvais temps se prolonge, quand l'herbe se fait rare, quand une bête a besoin de soin, quand un prédateur rôde, quand le pâturage souffre…)

Prudence et attention, constante. Méfiance même. Le danger est partout (un orage violent peut éclater alors que ce matin le ciel était si clair. Et le troupeau ne peut pas manger car la grêle a tout recouvert…)

Savoir économiser son énergie pour être disponible au moment difficile. Économiser ses chiens et leurs pattes. Savoir se reposer – oui que c'est précieux la sieste à l'ombre du parapluie !!! Savoir prendre soin de soi, se détendre…

Sentiment de n'être pas grand-chose dans la montagne... une petite vie, bien petite... pas plus que celle du criquet tué par un grêlon, emporté sur l'eau boueuse ruisselant le long d'un chemin...

Plus de quinze ans sur le même alpage (malgré toutes les fois où on a envie d'arrêter, d'aller ailleurs, à cause des éleveurs, à cause de trop de touristes, à cause de la fatigue, oui l'envie d'aller ailleurs).

Et en regardant en arrière, on s'aperçoit que peu à peu, chaque saison se fait plus paisible, plus harmonieuse. Jeu de plus en plus habile avec la multitude de plus en plus comprise des "contraintes" de la montagne, de la météo, de l'herbe, du troupeau...

La montagne devient véritablement "notre montagne" et aussi la montagne de toute notre famille puisque l'été avec le troupeau est l'aventure de toute la famille [...]. De monter avec A. et les enfants donne une plus grande profondeur et une plus grande importance à cette plongée dans la montagne vivante.

Et l'on se sent en communion avec les peuples pasteurs nomades qu'on dit "sous-développés" !

Oui, tout cela est bien difficile à dire et à partager. Tellement c'est une façon de se rapprocher un peu de la vérité du Monde Mystérieux et de notre existence énigmatique.

Bon courage et bonne continuation.

Si tu passes dans le coin, nous serons heureux de t'accueillir.
A.

Chap 2.2
Une méthode de recherche construite en transhumances

« Du globe au planisphère. En deux dimensions, il ne peut y avoir de représentation fidèle de la surface de la Terre, ce qui ne veut pas dire que les planisphères ne sont pas rigoureux : ils déforment avec rigueur ! Passer d'une surface courbe à une surface plane suppose des choix. »
(Grateloup 2014 : 3)

2.2-1 : Déplacement et Paysage : moment de la recherche

Notre activité de recherche-action et de formation dans le monde agricole et rural, se réalise et se déroule dans différents lieux et sur de longues durées temporelles, sans "bureau" fixe, en transhumance. Cette multiplicité d'espaces et de rythmes permet de poser un regard interrogateur chaque fois renouvelé sur ce qui s'active derrière ce qui se voit de prime abord. Les sensations vont se plier et se déplier jusqu'à leur développement possible à un moment donné, mais un moment qui reste toujours imprévisible. Pour accéder à ces lieux, ce sont de longues heures, une journée entière, passées dans les trains et voiture, pour finir parfois à pied. C'est chaque trajet, après sa première découverte, sera plusieurs fois répété. Le premier paysage filant derrière le regard neuf transporte l'imaginaire de la recherche à venir : c'est une préparation élastique vers un horizon de questionnements. Viennent ensuite la rencontre et les échanges avec celles et ceux, femmes et hommes, et leurs climats, ensemble façonnés au fil des aléas et du travail quotidien. Accepter et réaliser ce dépaysement, est la première posture et épreuve de la mise en recherche-action. C'est l'épreuve du temps que l'on va accepter de se "donner" de manière réciproque entre soi et les *Autres* du projet. Ces temporalités disponibles c'est la promesse d'une histoire de vie collective en formation qui commence. Il ne s'agit pas simplement de leur durée, mais de l'épaisseur des temporalités : la lenteur pour être disponible à l'instant, au "kaïros", où il faudra être là lorsque l'essentiel de l'événement humain ou naturel surgira. Le mode de présence dans la longue durée et ses différentes rythmicités se renouvellera *de facto* car tout aura bougé entre deux instants : avec la neige, la fatigue, la pluie, le découragement, les naissances, le vent, les doutes, la chaleur, les joies, les interrogations, les dénivelés, les bifurcations, les décès. Et, au-delà de ces temps de vie, les avancées individuelles et collectives se trans-formeront, aussi.

2.2-2 : La recherche-action en formation

Comment en finir avec la supposée ambiguïté de la Recherche-Action ?

Pour tenter de disqualifier la Recherche-Action (R-A), la plupart des textes rapportent que dans une R-A, le chercheur intervient d'une manière trop active et investie sur le terrain étudié, et ainsi met de côté la part recherche. Cette définition clive action et recherche, elle ignore les allers-retours heuristiques entre les deux pôles, entre l'acte et la pensée : elle « ne rend pas compte du fait que tout processus de recherche – expérimentale ou dite sur le terrain – engendre un processus de communication, ayant des effets pragmatiques, aussi bien sur les participants que sur le contexte social de la recherche » (Van Trier 1980 : 179).

En agroécologie, si l'on considère la nature comme prima de la construction des problématiques de recherche, nous pouvons dire que ce processus vaut par retro-action réciproque : à savoir la part de la nature sur/dans/pour la recherche. Aussi, seule une approche qui va au-delà de la simple vérification des hypothèses, qui laisse une place à la dérive, peut permettre de parcourir un bout du chemin, là où « les conduites marginales ont la propriété de venir provoquer ou de révéler ces savoirs » (Le Grand 1989 : 114), et ce parce que la « bonne distance épistémique n'existe pas » (*ibid* : 109). Dans une R-A où par définition le collectif chercheur est hétérogène (de par sa posture, ses finalités, ses savoirs, ses temporalités, ses enjeux, etc.), est-il possible de faire autrement que de laisser la place pour ce que certains nomment créativité et bricolage, mais que nous préférerons plutôt qualifier « d'originalité » au sens de Pollien et Meier. Il s'agit « d'un état d'esprit qui participe de l'éthique de la recherche » qui permet «d'accompagner le mouvement de la pensée du plaisir de la découverte » (Pollien/Meier 2003 : 5). Originalité de la méthode en R-A qui laisse-se-faire ce qui advient dans ses rythmicités, tandis que « la traditionnelle rupture entre le sens commun et le sens scientifique ne saurait se résoudre comme par magie en optant pour des méthodologies expérimentales » (Le Grand 1989 : 110) programmatiques.

Aujourd'hui, la R-A, dans sa contribution grandissante à la production de connaissance, ne peut relever du seul débat entre les classifications de fondamentale, appliquée, théorique, empirique : « Ce rationalisme est trop beau, il lui manque la Vie » (Morin 2015 : 133). Elle est recherche. Elle est recherche qui se situe hors les murs des laboratoires et des pensées, se gardant à l'abri de « la raison-Lumière, grand mythe unificateur du savoir et de l'éthique [...] Il nous faut maintenant concevoir que la raison a toujours été insuffisante » (*ibid* : 132-134). La posture de la R-A est celle d'une « rationalité ouverte » (*ibid* : 129-159), et nous ajouterions "partagée", aux risques de la complexité avec tous les acteurs de l'action, en croisement des savoirs et des non savoirs, pour la construction de questions de recherche complexes et argumentées. Elle n'est, en aucun cas une « recherche sur l'action » (Resweber 1995 : 3). Elle ne se limite pas non plus au seul changement social. En formation, du fait de sa dimension transdisciplinaire, qui va bien au-delà des disciplines et des modes de pensée, elle peut nourrir la connaissance disciplinaire. Nous entendons bien sûr qu'il est peu académique de repousser ainsi l'idée de son ambiguïté, pour ceux qui y sont fortement attachés.

La R-A développe et ajuste une stratégie de recherche avec ce qui est, plutôt qu'une méthodologie *a priori* sur ce qui devrait être. C'est bien souvent « durant le processus de recherche que le vrai objet (le besoin, la demande, les problèmes) émerge » (Barbier 1996 : 33). C'est donc une *Méthode*, au sens de cheminement attentif à ce qui est, proposé par Edgar Morin : « faut-il rappeler ici que le mot "méthode" ne signifie nullement méthodologie ? Les méthodologies sont des guides *a priori* qui programment les recherches, alors que la méthode qui se dégage dans notre cheminement sera une aide à la stratégie. Le but de la méthode, ici, est d'aider à penser par soi-même pour répondre au défi de la complexité des problèmes » (Morin 1986 : 27). Elle rend possible l'accès aux savoirs existants et ouvre aux savoirs à créer. « Sur le plan de la production de savoir, la stratégie fourmille d'hypothèses qui émergent de l'action. C'est son rôle de les mettre en œuvre, le cas échéant de se risquer dans l'épreuve sociale puis d'en corriger les non-pertinences grâce à la réflexion collective. On pourrait dire que la stratégie correspond à la nature du trait d'union unissant recherche et action. [...] à l'exigence de clarté rationnelle s'oppose toujours l'exigence de la totalité en acte » (Barbier 1996 : 77). C'est un processus de production de connaissance, autre et autrement. Dans la R-A, la contribution du chercheur disciplinaire est de proposer son regard critique tout en s'impliquant dans l'action au même titre que les autres acteurs du collectif de recherche. Il ne peut prétendre à la neutralité, au sens d'une certaine distance à respecter par rapport à l'objet de recherche. « Nous avons précisé antérieurement comment la spécificité de la recherche-action découle d'une relation plus étroite qui s'établit entre chercheur et acteur. Ce lien, cette reliance particulière qu'exprime ce trait d'union entre recherche et action » (Bolle de Bal 2003). C'est dire comment le travail de R-A est un travail commun fait de relation, de controverse, de dissensus[15], de tension, de dispute, de curiosité. « La stratégie est double : une stratégie de recherche ou stratégie cognitive et une stratégie d'action ou stratégie pratique. Les deux stratégies sont complémentaires dans un système de recherche-action concret » (Dionne 1998 : 11).

[15] Pacific C., 2011, *Consensus/Dissensus. Principe du conflit nécessaire*, Paris, L'Harmattan.

2.2-3 : Histoire de vie en Formation et Conversation

Accéder à cet entre-deux, ce tiret d'une R-A en écoformation, demande d'aller à la rencontre des rythmes intimes, sociaux et écologiques de chacun-e avec la nature. Entre *Les rêveries de la volonté* et *Les rêveries du repos*, Gaston Bachelard (Bachelard 1947-1948) nomme cette imagination de la Terre, par la préposition *contre* pour l'une et *dans* pour l'autre. Les R-A en formation que nous développons se situent entre ces deux dimensions en explorant de manière réflexive et située une dialogique du *Avec*, là où « la connaissance n'est ni extérieure, ni intérieure : elle est *à la fois* extérieure et intérieure » (Nicolescu 1996 : 82). Pour cela, le choix est fait, lors des rencontres individuelles et des réunions de travail avec nos interlocuteurs, de rester sur le registre de la conversation, en tant que « jeu télépathique et énigme. On ne sait jamais quand les mots vont se mettre à danser ensemble, les opinions à se caresser, les imaginations à se déshabiller, les sujets à s'ouvrir » (Zeldin 1999 : 8). Il est si souvent difficile de parler, que la conversation plus que l'entretien, est apparue comme un mode qui laisse-se-dire les choses ; car « la vraie conversation prend feu, elle ne se réduit pas à donner et recevoir des informations » (*ibid* : 13).

Connaître la complexité des eco-savoirs, requière de reconnaître la place essentielle de la « sensibilité de l'action humaine » (Barbier 1996 : 10). Aussi la posture individuelle et collective au sein du groupe "chercheur" est celle d'une « écoute sensible » (*ibid* : 65) en ce que « l'écoute sensible s'appuie sur l'empathie. Le chercheur doit savoir sentir l'univers affectif, imaginaire et cognitif de l'autre pour comprendre de l'intérieur des attitudes, des comportements, le système d'idées, de valeurs, de symboles et de mythes » (*ibid* : 66) ; car « jamais les choses ne se passent là où on croit, ni par les chemins qu'on croit » (Deleuze/Parnet 1996 : 10).

Directif, semi-directif ou libre, jamais nous n'utilisons les méthodologies d'entretiens dans nos recherches, même si ce n'est que récemment que nous avons lu les propos de Gilles

Deleuze à ce sujet : « La plupart du temps, quand on me pose une question, même qui me touche, je m'aperçois que je n'ai strictement rien à dire. Les questions se fabriquent comme autre chose. Si on ne vous laisse pas fabriquer vos questions, avec des éléments venus de partout, de n'importe où, si on vous les "pose", vous n'avez pas grand-chose à dire » (*ibid* : 7). Dès le commencement de nos recherches, c'est une intuition, confirmée par les situations pratiques de recherche en agricultures, qui ont guidé et étayé le choix de notre posture : repartir des questions que se posent les praticiens des agricultures et les travailler avec eux.

D'autre part, pour élargir ce temps et cet espace de la construction de l'idée et de la problématique qu'ouvre la conversation, la mise en R-A est renforcée par l'approche *Histoire de vie en Formation* (Pineau 1998-2006) qui, comme « art formateur de l'existence » (Pineau 1996) porte plus loin, au-delà des mots de l'expérience directe et du seuil de la conversation, sa capacité d'échange réflexif bio-trans-formateur.

Dans des situations d'incertitude et de changement, faire l'histoire de sa vie devient une expérience en soi qui produit une connaissance innovante et ouvre de nouvelles perspectives, souvent imprévues, d'« *être au monde* » (Honoré 1990). En tentative de réponse aux inquiétudes humaines que génèrent les nouvelles lois et directives agro-environnementales sur l'agir professionnel, face à un vide de modèles valides de la part de la recherche et des instituts techniques en agriculture, nous assistons aujourd'hui à une montée, dans l'urgence, de l'approche « Histoire de vie » (Pineau/Le Grand 1993) qui perd son « en formation » afin d'accélérer le changement collectif attendu recentré sur l'individu. L'Histoire de Vie devient un « nouvel outil » (Chaxel 2014) de recueil en vue d'identifier des savoir-faire liés à la part non dicible de l'expérience des acteurs. Il s'agit alors de les analyser afin de les normaliser en registres des bonnes pratiques attendues et de trajectoires possibles. Nous assistons à une dérive gestionnaire de la méthode Histoire de Vie, par manque de temps passé et par méconnaissance de ce qu'implique *faire l'histoire de sa vie*. Nous nous posons le même questionnement sur l'ambitieux projet de l'historien et sociologue Pierre Rosanvallon, avec son *Parlement des Invisibles* : est-il suffisant de se raconter pour que soit reconnue la parole invisible ? Et par qui et pour qui sera-t-elle reconnue ? Sur un registre plus littéraire, avec les *Vies minuscules*, Pierre Michon croise et entrecroise les vies d'inconnus pour raconter, en filigrane la sienne. Ces approches montrent l'importante actualité de la prise en compte des récits de vies. Pour autant, face à une impression d'abandon du politique de la réalité vécue, il ne nous paraît pas suffisant que ces histoires de vies soient posées pour être entendues ? Et puis entendues de qui ? Au service de qui et de quoi sont-elles captées, capturées, détournées ? Les récits tronqués de leur dimension formative se placent dans un « rapport d'échange classique » (Pineau/Le Grand 1993) où le travail d'analyse et d'interprétation est l'exclusivité « du professionnel du savoir » (*ibid*). L'engouement actuel de la recherche pour le seul savoir-faire de ceux qui seraient pionniers en *AB*, car détenteurs de supposées bonnes pratiques – ou de solutions miraculeuses et fantasmées aux problèmes agricultures & environnements, alors qu'ils sont dotés de savoirs d'expérience complexes –, les expose à une collecte utilitariste à des fins de modélisation d'itinéraires techniques et de normalisation par des professionnels *ad-hoc*. C'est l'une des dérives actuelles de certains projets de recherches basés sur des approches dites Histoire de Vie. Les pionniers novateurs et chercheurs non reconnus de l'agroécologie deviendront-ils, à leur insu, les nouveaux modèles-types à diffuser et à suivre à partir des écoles d'enseignement agricole ?

Pourtant la valeur créative portée dans et par l'*Histoire de Vie en formation* n'est plus à démontrer : « Le plus étrange est sans doute la mobilité de cette mémoire où les détails ne sont jamais *ce* qu'ils sont : ni objets, car ils échappent comme tels ; ni fragments, car ils donnent aussi l'ensemble qu'ils oublient ; ni totalités puisqu'ils ne se suffisent pas ; ni stables, puisque chaque rappel les altère. Cet "espace" d'un non-lieu mouvant a la subtilité d'un monde cybernétique » (de Certeau 1994 : 133).

L'agroécologie, fait appel aux savoirs paysans tout autant qu'aux connaissances scientifiques des écosystèmes. Pour autant, aux fins de construire de la connaissance vérifiée en agroécologie, faut-il scinder ces deux actions de construction de la connaissance et du savoir ? Laisser le champ de la connaissance aux seuls scientifiques qui refusent de buter sur certains obstacles, les contournent en les découpant afin de les réduire en micro-situations-problèmes réductibles aux impératifs disciplinaires et aux commodités de protocoles de recherche ? Faut-il persévérer dans le clivage entre ceux qui font et ceux qui pensent ? Ne peut-on croiser les modes d'approches de construction de la connaissance pour produire une connaissance partagée et vérifiée du *Autrement* de l'agroécologie.

En agroécologie, la complexité et la diversité des situations de travail avec le vivant font qu'il faut réfléchir autrement les savoirs, leurs apprentissages et leurs enseignements en mettant l'accent sur des modes d'accompagnement de la formation par expérience directe réfléchie. Plus que de nouvelles méthodes pédagogiques, c'est un changement de posture qu'il s'agit de penser et de co-construire : développer le sensible par une écoformation pour des eco-savoirs, où les éléments sont formateurs et transformateurs quotidiens selon une relation inversée et deviennent supports et valeurs de l'agir *Avec* l'aléatoire de la nature.

Tout comme l'écoformation se construit à partir d'expériences personnelles et multiples *Avec* la nature et les quatre éléments, son *histoire* ne peut se faire et se dire à partir d'un seul modèle. Une voie est ouverte qui peut-être considérée comme une forme possible de l'histoire de vie en écoformation. Accompagner une personne dans son « éco-bio-graphie » (Moneyron 2012) demande (pour ne pas dire exige) d'avoir soi-même réalisé et/ou entrepris la sienne afin de comprendre ce qui se forme, se déforme, se transforme par le récit et sa socialisation. Le récit a une visée de transformation globale, où il ne s'agit pas simplement d'extraire les savoirs pour les cataloguer. La *Personne* re-construit elle-même le récit de ses reliances. Elle identifie et explicite ce qui fait sens pour elle. À partir de sa narration et de son exploration selon ses temporalités personnelles et des temps collectifs de socialisation, elle lui invente la formalisation qui lui conviendra. Ainsi elle déploie l'expérience de l'histoire de sa vie, s'en délie en et par elle-même, et l'éclaire en dialogue avec celles des autres.

2.2-4 : S'exprimer : la mise en récit des écoformations

Réalisées sur plus de trente années, nos pratiques et recherches en formation dans les métiers de l'agriculture, permettent de poser le double principe que chaque individu est riche de ses expériences de vie. Pour être reconnues comme lieux de production de savoirs, celles-ci demandent à être exprimées et explicitées par la Personne elle-même, à partir d'une parole individuelle qui sera reçue par un collectif de pairs. « La fonction expressive de la parole humaine fait équilibre à sa fonction communicative ; elle commande certains aspects essentiels de notre expérience. Pour communiquer l'homme s'ex-prime, c'est-à-dire qu'il se met en œuvre, qu'il produit de sa propre substance, un peu comme le fruit qu'on presse pour exprimer le jus » (Gusdorf 1966). Accompagner les passages vers l'agroécologie, appelle la mise en œuvre d'une méthode qui ouvre un espace à la fois d'"expression" et d'"écoute" des histoires de vie ecoformées. Les savoirs et les détenteurs des savoirs ne doivent pas être désincarnés et muséifiés. L'agroécologie recouvre des espaces-temps d'incertitude et de changement vécus au quotidien par celles et ceux qui travaillent *Avec* les éléments, et qui sont travaillés par eux. Il s'agit de rester au plus près des transformations personnelles de l'expérience vécue, tout en laissant du temps à chacun pour en extraire, par cette à distance, une mise en questions.

Dans nos pratiques et recherches sur les eco-savoirs et leur formation, parce que notre formation relève autant du rapport poétique que vital entretenu avec les éléments, plus que l'histoire de vie environnementale l'approche éco-bio-graphique s'est invitée tout d'abord par sa pertinence individuelle, puis de plus en plus par sa pertinence collective pour interroger la pertinence d'une anthropo-formation dans les métiers agricoles. La voie de l'éco-bio-graphique, comme une approche possible de l'*Histoire de Vie en formation*, suppose une implication critique et éclairée des acteurs-auteurs-narrateurs. La démarche, par sa grande capacité de trans-formation, requière là aussi des dispositifs d'écoute sensible et de transcription adéquats. Les acteurs-auteurs se réapproprient leurs expériences de vie pour reconstruire l'histoire de leur auto-écoformation et co-produire de la connaissance partagée. Elle requière la mise en œuvre d'une alternance temporelle et spatiale expérientielle, sous forme d'« alternance dialogique » (Denoyel 2012) où le réel par imprégnation continue et réfléchie, au cours de l'expérience, forme le savoir. Penser la formation pour l'agroécologie, c'est : – interroger les savoirs selon des approches différentes, parfois contradictoires, – croiser plusieurs modes de raisons, de pensées et d'agir, – reconnaître chaque situation dans sa singularité du fait de composantes environnementales et de dynamiques personnelles évolutives. Mais pourquoi et comment s'attarder sur l'auto-co-éco-formation avec ceux qui incorporent l'incertitude comme levier de leur *agir avec* le vivant (Moneyron 2013). Former *Autrement* pour l'agroécologie, c'est dynamiser la trans-formation individuelle et collective de l'expérience d'une présence juste avec les potentiels changeants de chaque situation.

Pour faciliter la dynamique heuristique du récit éco-bio-graphique et dépasser une narration qui pourrait rester très technique et attendue – de type les dix gestes pour la planète – une re-mise en expérience est souhaitable. Être enfermé entre quatre murs pour parler de son écoformation n'ouvre pas à la mémoire sensible et sensorielle de l'expérience vécue. Il est bon de prévoir une "sortie" qui peut être simplement d'ouvrir la fenêtre si les possibilités sont restreintes. Les supports de communication et d'explicitation de son histoire de vie sont souvent l'oral et l'écrit, mais rien n'interdit d'aller vers le film, le collage, la photo, le dessin, la peinture, la sculpture, des techniques mixtes.

Chap 2.3
Eco-savoir et Agroécologie : Trois recherches-actions-formations

Depuis une trentaine d'années, dans la dynamique de la Formation, nos travaux en R-A sont réalisés avec et accompagnent des hommes et des femmes au travail qui pensent et agissent dans des environnements vastes où les aléas fondent leur savoir en acte. Nous postulons avec eux que la réintroduction de la dimension « esthésique » (Bouillet 2001) dans nos rapports avec le monde réel permet de dépasser la seule analyse fonctionnelle du travail et de l'action, même si elle se dit être devenue aujourd'hui systémique. Avec l'esthésique, c'est la sensibilité comme intelligence sensible qu'Alain Bouillet propose de repenser comme composante de nos actes et de nos relations au monde réel, avec nous-mêmes, et loin des autres.

En formation expérientielle, les travaux de Schön, Kolb et Knowles, montrent que le formateur ne peut agir en ignorant que les praticiens au cours de leur existence et de leurs pratiques professionnelles construisent des savoirs, même si ils ne trouvent pas les mots pour les nommer et si les classifications pour les normer sont inopérantes. Nous posons l'hypothèse que s'est en articulant le vécu de situations nouvelles avec une réflexion sur les expériences passées que les praticiens en agricultures construisent du savoir intelligible par eux et pour les autres. Les recherches-actions-formations vont alors consister à accompagner l'émergence et la reconnaissance par les praticiens de l'existence de véritables savoirs cachés derrière leurs évidences. L'enjeu est que ces savoirs soient reconnus et pris en compte par tous les acteurs d'un territoire. Durant le déroulement de la R-A l'attention au « style oral » (Jousse 1964) est primordiale pour ne pas laisser s'enfermer les praticiens dans un certain vocabulaire technique attendu et convenu.

Si, comme nous le découvrons dans différentes activités agricoles, le savoir n'est ni pratique ni théorique, s'il est « rapport au monde » (Charlot 1997), alors comment sortir de l'agaçante comptine du savoir/savoir-faire/savoir-être qui tient lieu de définition de la compétence, pour s'interroger sur ce rapport pratique à la complexité du monde et sa part dans la formation tout au long de la vie ? La méthode ''Histoire de Vie en formation'' centrée sur le « récit éco-bio-graphique » (Moneyron 2012), permet le passage d'une connaissance incorporée (parfois de manière violente et tragique) au cours d'expériences directes avec les éléments et le réel, à un eco-savoir exprimé et conscientisé. Invitant à se raconter, cette approche en formation relève du transdisciplinaire car elle convoque les différents niveaux de vie et différents mode d'expression par lesquelles chaque personne se construit : le jour et la nuit, le visible et l'invisible, le chant et la peinture. Ce qui importera, ce sont les formes questionnantes de réappropriation qui en découleront. En effet, pour que trans-formation il y ait, toutes les composantes de l'être doivent être reçues et reconnues selon leur voix spécifique : la voie et la voix que chacun se choisit et emprunte pour se dire et s'entendre dire. Car, « le vivre d'expérience est comme une trame tendue entre deux horizons : l'un est mon moi, l'autre le monde. Le vivre est une manière d'explicitation de ces horizons, ayant cette particularité que, pour m'expliquer moi-même, il me faut d'abord prendre pied dans le sol du monde et des choses, avant, dans un second temps, de faire retour à moi » (Patocka 1995 : 63). En formation l'approche éco-bio-graphique, accompagne le passage du *Autrement* de l'agroécologie à partir de l'existant d'un narrateur-auteur qui dit et socialise ses expériences directes vécues, ses leçons de choses. Par leur explicitation et leur ré-écoute, ce dernier identifie ses eco-savoirs d'un contact et d'une relation intime, sans médiateur humain *avec* la nature. Par un accompagnement dans de nouvelles situations d'expérience directe, la mise en forme de leur expression, ouvre à la vigilance et à la possibilité d'intervenir à propos, lors d'imprévus. L'acceptation de l'imprévu dans la pensée comme posture en amont de l'agir permet d'intégrer l'aléa comme pivot et non plus comme obstacle après coup de l'action et de la réflexion sur l'action. La pensée sensible ainsi écoformée sous-tend chacun des instants et des stratégies de l'action, construisant la fluidité du geste au travail. Ce dernier n'est plus réalisé en force pour vaincre les aléas. L'aléa n'est plus un paramètre de l'action contre lequel il faut lutter ou qu'il s'agit d'ignorer, il est un élément interactif constitutif de la situation même en agroécologie. Sa prise en compte dès l'amont de l'action et de la décision demande de tendre vers une « observation réflective » (Moneyron 2003).

Comment penser et solliciter, en formation et en recherche, ce rapport sensible au monde, non comme simple norme à enseigner et à identifier, mais dans et pour l'agir, comme valeur structurante des savoirs ?

Des approches sur le savoir de la pratique, nous avons souligné qu'aucune ne prend en compte les interactions directes et réfléchies avec l'environnement spécifique, le réel par lequel le savoir est créé. Cet eco-savoir de l'agir et du repos avec la nature, par ses "frontières floues" qui se dessinent entre les pôles savoir-information et savoir-connaissance, peut être exploré aux rythmes d'alternances entre le dehors et le dedans de sa formation : alternances « de gnose et d'épistémé » (Lerbet 1992 : 112). Un « savoir du dedans-gnose » frôle la connaissance, qui se distingue d'un « savoir du dehors-épistémé » (*ibid* : 113) proche de l'information, différenciés l'un de l'autre par leur degré d'intériorisation. Le « savoir-gnose [...] qu'on ne sait jamais très bien exprimer » (*ibid*), est celui d'un homme qui cherche, en lui, le sens à donner à l'information reçue pour qu'elle devienne connaissance ; à l'inverse du « savoir-épistémé» où la quête du sens se poursuit à l'extérieur de lui-même. « Ainsi le *savoir-épistémé* risque-t-il de s'apparenter aux informations qu'il véhicule et très peu, voire pas du tout, à la connaissance de chacun, cette connaissance qui est concernée par le *savoir-gnose* » (*ibid* : 114).

La question de la spécificité des eco-savoirs du berger, du polyculteur-éleveur, du vigneron, peut être abordée selon ce qui se joue entre un savoir-agricole-épistémé et ce qui serait un eco-savoir gnosis. Mais, pour aller vers une conceptualisation de la notion d'eco-savoir, cette distinction doit être renforcée par l'approfondissement des liens et des interactions écologiques qui s'établissent dans le quotidien entre l'homme et la nature. Ce savoir interface entre la connaissance du maître expérimenté et l'information du novice, permet d'établir en écho, et non plus en opposition, un espace-temps de transformation et d'« alternance écologique car l'apprentissage n'est pas seulement cognitif, il est aussi affectif » (Bertrand 1993 : 153), à la fois émergence et construction de la connaissance. La nature, par ses éléments abruptes et vitaux, donne leurs dimensions singulières à l'information, au savoir puis à la connaissance nécessaire au travail en agroécologie. Pour accéder à leurs dimensions écoformatrices, il faut tenter de saisir ce rapport réciproque nature-travail dans sa complexité pour faire émerger et nommer la spécificité du savoir écoformé. Ce ne sont ni les hommes, ni le contact direct sensoriel avec la nature qui construisent un eco-savoir, c'est dans la solitude, dans les alternances diurnes et nocturnes et crépusculaires, que la mise en forme se réalise et que l'homme au travail avec les éléments s'ouvre à des niveaux symboliques et imaginaires incorporés et uniques de sa trans-formation.

Nous en venons à trois recherches-actions-formations. Elles se sont déroulées sur un espace-temps de 25 années (de 1991 à 2016) et du sud-ouest au nord-est de la France. Elles s'attachaient à caractériser les savoirs en formation pour contribuer faire reconnaître la place de l'expérience et de l'imaginaire comme espace-temps de production d'une connaissance située et partagée. À l'instar de Pierre Sansot, il ne s'agira pas ici de représenter (analyse) ces situations mais de les re-présenter (phénoménologie) « rendre à nouveau présent, aussi présent que lors de la première mêlée » (Sansot 1986 : 201). Elles interrogent et questionnent le « comment les transhumants-agriculteurs-viticulteurs-techniciens d'élevages, créent et re-créent des eco-savoirs individuels et collectifs en lien avec les enjeux d'un contexte d'une production agricole où société et environnement sont partis prenantes. Il s'agit de pointer les éléments de reconnaissance des interactions multiples et des relations complexes de différents niveaux de réalité "hommes-milieux" pour tendre vers une interaction de réciprocité sensible et concrète avec les différentes composantes de ces milieux. Former à produire *Autrement*, c'est inviter les temps longs de la formation pour aller vers une logique de réciprocité et d'échanges. Mêlant intuitions et expériences directes, ce serait, par le contact quotidien et répété, le réel naturel (la montagne, le troupeau, la vigne, le froid, la pente, la couleur, l'odeur, etc.) dans une relation de réciprocité, que se formerait le savoir du berger, de l'éleveur, du viticulteur, du chercheur. Pour autant, habiter et vivre ces espaces-temps agroécologiques, ne revêt pas les mêmes implications personnelles et collectives, les mêmes dimensions pratiques et symboliques et imaginaires avec l'environnement (grande faune sauvage, plantes dites "nuisibles") selon que l'on est berger, viticulteur, éleveur, chercheur, habitant d'un territoire.

La première recherche-action-formation intéressait des éleveurs transhumants et leurs futurs bergers salariés : comment identifier et transmettre le savoir des bergers expérimentés ?

La seconde concernait le passage d'une Unité Expérimentale de l'INRA vers une agriculture "autonome et économe" : comment des-apprendre pour apprendre autrement ?

La troisième, dont le développement est encore en cours, retrace le travail d'un collectif transdisciplinaire de production de connaissance à partir du projet de changement de pratiques porté par un syndicat de vignerons alsaciens : comment passer de l'expérimentation individuelle qui reste sur le mode essai-erreur, pour aller vers des problématiques de recherche et une expérimentation collective réflexive qui produise de la connaissance vérifiée ?

Au cours de ces trois situations de recherches-actions-formations, il ne s'agissait pas de se contenter de changer de regard sur le savoir selon la formule : les praticiens sont détenteurs de savoirs singuliers auxquels la recherche devrait s'intéresser. Il s'agissait d'inverser le rapport au savoir. Face à une situation complexe et inédite, tous les savoirs ont leur importance et sont nécessaires à la connaissance en agroécologie. Ce furent leurs différences qui portèrent leur valeur. Ce fut de la complexité des situations dites de terrain que se construisirent les problématiques de recherche à partir de questions individuelles argumentées avec le collectif en recherche.

Dans une recherche-action-formation, il nous faut trouver un ou des concepts que les autres partagent afin d'aller plus loin et surtout ensemble, dans la réflexion. Il s'agit alors soit d'éprouver un concept existant, soit de construire un concept qui devienne éclairant. Mais, « y-a-t-il un concept d'un pas venant dans la nuit, d'un cri, de l'éboulement d'une pierre dans les broussailles ? De l'impression que fait une maison vide ? » (Bonnefoy 1992 : 15). C'est cette deuxième situation qui s'est imposée et qui a trouvé une voie en transdisciplinarité (Nicolescu 1996).

Les passages complexes entre disciplines et niveaux de réalité se traduisent et se concrétisent tant par les questions abordées, que par les concepts mobilisés, les méthodes co-construites et les transformations que ces temps et espaces transdisciplinaires de recherche et de formation ont généré. Pour *Habiter la Terre* (Pineau et al. 2005), les temps de réflexion et de travail qui ont contribué au partage des questions et des enjeux liés à l'agroécologie d'un lieu au sens complexe du terme : comment les pointer et agir, pour une agriculture soucieuse des ressources et du vivre ensemble sur les territoires ruraux ?

Pour des facilités de mise en page et de lecture, nous présentons ces trois situations en chapitres 2.3-A ; 2.3-B ; 2.3-C. Cette numérotation ne vaut pas pour des valeurs hiérarchiques des recherches et de leurs temporalités.

– **Chap 2.3 – A** :
Eco-savoirs des Bergers transhumants
– **Chap 2.3 – B** :
Écoformation des Techniciens d'une UE de l'INRA
– **Chap 2.3 – C** :
Viticulteurs de Westhalten : une écoformation en commun

Chap 2.3 – A
Eco-savoirs des Bergers transhumants

Cette première recherche sur l'identification et la transmission des eco-savoirs des transhumants finalisée en 1994, va être un moment charnière de notre activité professionnelle et s'avérer être le socle de nos recherches-actions pour les 25 années suivantes. Elle a fait l'objet d'une publication à part entière (Moneyron 2003). Aussi nous ne la développerons pas ici, mais il paraissait important d'en rapporter des éléments de complexité en regard de la progression de nos recherches sur l'écoformation et l'agroécologie. À partir de ce premier essai, ce que nous souhaitons retracer c'est la manière dont les interrogations sur cette question des eco-savoirs dans la formation du savoir lié au travail avec le vivant, a évolué au cours de ces recherches qui, par inter-retro-action, ont fait évoluer les recherches, notamment dans/avec d'autres disciplines universitaires.

D'une demande initiale de formation de type transmission de savoir de la part des éleveurs et des enseignants, la mise en œuvre de la recherche-action-formation a fait passer cette demande sur l'exploration de la vaste problématique du savoir et de la formation des transhumants. La garde des troupeaux et la vie en estive nécessitent un type de savoir peu valorisé, parfois même ignoré de ceux qui le détiennent, un savoir s'articulant étroitement avec les caractéristiques d'un milieu variables d'une estive à l'autre, d'un troupeau à l'autre, d'un moment à l'autre. Le savoir formé au cours de l'expérience de l'estive devait d'abord être mis en lumière afin d'actualiser la pérennisation du métier et construire des modes de transmission et de formation innovants. Les formations existantes de type Brevet Professionnel Agricole sont découpées en savoirs agricoles correspondants à l'objectif de développer le modèle agricole promu à partir des années 50, c'est-à-dire d'un travail productif basé sur les principes propres au travail industriel réalisé dans des espaces clos et/ou contrôlés : les bergers deviennent des techniciens d'élevage. Il s'agit de leur enseigner des savoirs agricoles didactisables. Les savoirs non-didactisables, relevant du « mode mineur de la réalité » (Piette 2009), il suffirait de les apprendre par simple immersion avec un tuteur expérimenté (pas toujours présent et rarement pédagogue). L'enseignement repose sur une alternance juxtaposée développant une pédagogie du clivage entre savoirs valides et savoirs invalides, entre savoirs savants et savoirs pratiques. Ainsi, là-haut, en montagne, dans ce milieu particulier de l'estive, les bergers apprenants se sentent totalement démunis face à la réalité de leurs apprentissages et de leur trans-formation expérientiels.

Ces enseignements selon une visée à court terme et standardisée mettent l'accent sur la spécialisation technique, et arrivent à dé-saisonner et dé-raisonner le savoir transhumant de la réalité de son exercice quotidien : la dimension cachée du savoir, celle des temporalités longues et eco-logiques nécessaires à la prise de décision dans le respect du développement d'une « écologie de l'esprit » (Bateson 1977), d'une écoformation des rythmicités propres à un savoir du déplacement continu.

2.3 – A.1 : Berger transhumant : une écoformation à la rythmicité de l'estive

Les bergers expérimentés et les apprentis bergers transhumants rencontrés en estive, parlent discrètement d'une dimension commune à leur expérience quotidienne : celle de la peur.

Si l'expression des apprentis bergers s'est faite en montagne, les bergers expérimentés, eux, ne parlent plus de leur peur, ils parlent de risque et de vigilance. Pour faire exprimer par chacun, de manière non analytique, l'expérience de ses peurs, nous choisissons d'organiser une soirée avec un conteur comme proposition de temps offert pour dire sa première estive : raconter, se raconter, écouter l'autre. Louis Espinassou sera ce conteur. C'est donc le soir, au bord de la nuit qui se lève que nous nous retrouvons avec une vingtaine de bergers. Et la parole circule, la surprise est grande de découvrir, notamment de la part des apprentis bergers, que chaque berger a connu ce sentiment de peur face aux éléments, et par là, de se comprendre.

Le souvenir de leurs peurs vécues, est pour les bergers expérimentés, celui d'une appréhension surmontée (pas toujours) et d'une étape de la formation de soi par la rencontre avec les éléments. Cette peur vécue serait l'un de ces passages qui font basculer l'apprenti berger vers une autre compréhension du troupeau et de la montagne. Peur immédiate qui n'est pas de ces peurs collectives de la nature évoquées par Marc Augé dans *Les Nouvelles Peurs* (2013). Ces *Nouvelles Peurs* liées « aux violences de la nature » il les analyse selon le prisme de l'ignorance et la non-connaissance. Elles seraient pour l'essentiel liées aux « risques d'accidents au contact de la nature et de la technologie » (*ibid* : 56).

La formation de l'eco-savoir des transhumants se passe en estive, c'est à dire en situation d'expérience directe du "là-haut". Et c'est "là-haut", que nous accompagnons bergers et apprentis dans l'exploration de l'histoire de vie en formation de leur savoir. Leur écoformation s'invite, accompagnée de leurs gestes quotidiens, par une parole discrète sur une dimension qui va s'avérer être commune : celle de la peur et du risque. Peur liée à un univers inconnu que l'on ne peut maîtriser, inhérente à la situation de travail, et que l'on aborde dans la solitude de l'estive, sans médiateur humain. Ils disent : *ce n'est pas qu'il faut toujours être après les bêtes, mais qu'il faut être où il faut quand il faut* ; et aussi : *ces savoirs s'apprennent que quand on est bien avec le troupeau*[16]. En montagne, tout incident physique ou psychique peut avoir des conséquences graves, voire mortelles. Parce qu'il est facile de faire sans le dire, et difficile de dire sans le faire, l'éco-bio-graphie, permet aux gestes du corps de trouver une place à part entière dans le récit, au même

---

[16] *Les phrases en italique dans le texte sont les paroles des personnes rencontrées et celle avec lesquelles nous avons co-réalisé les trois recherches-actions-formations présentées dans ce travail.*

titre que la parole. Le savoir du berger transhumant formé à partir de l'expérience vitale des éléments, demande la mobilisation de tous les sens dans la réalité du mouvement de sa sensibilité eco-logique. Former, c'est accompagner l'auto-eco-formation d'un eco-savoir de la vigilance, essentiel au travail et à la sur-vie du berger responsable d'un troupeau en montagne. En estive, dominent les relations quotidiennes et répétées du corps du berger avec les mouvements structurants les composants de la nature. La peur vécue des transhumants, est une mise en sens (raisons et sensoriels) de son espace-temps par contact direct de tous les sens construisant une veille réflective permanente à la vie.

Lors de la garde du troupeau en montagne, la découverte des rythmicités de l'estive (niveaux de temporalités et de perception) est vitale au berger pour la formation de ses eco-savoirs : croisement de la puissance des forces des quatre éléments avec la rythmicité ondulante ou instantanée du troupeau et avec ses propres rythmes. Ramener, avec le troupeau, sur le devant de la scène la question des rythmicités comme primordiale dans la formation au *Autrement* en agroécologie, est d'actualité car « nos sociétés sont bel et bien devenues arythmiques » (Virilio 2010 : 27).

L'estive ne peut être vue comme un simple lieu, un territoire comme les autres dont il suffirait de se partager les différents usages. Pour le transhumant, entre savoir visible et eco-savoir non-visible, la garde en montagne doit être pensée, à partir du troupeau, comme un espace-temps de l'année et des saisons, afin de prendre en compte les a-rythmicités de l'état du troupeau entre les dénivelés de la plaine et ceux de la montagne. Ce mode de production en transhumance nécessite une mobilité et une réactivité permanente pour activer les potentialités naturelles des milieux et requière d'accéder à un mode de travail qui inclut à la fois la lenteur et les urgences du troupeau, la rareté ou l'abondance de la nourriture comme caractéristiques du « tiers-inclus » (Serres 1992 ; Nicolescu 1996). La mise au centre de l'animal, du végétal et du minéral, tout autant que de l'eau, du soleil, de la terre et des vents, comme éléments dynamiques du travail permet de comprendre le caractère à la fois singulier et universel, expérientiel et imaginaire des eco-savoirs pour construire une formation autre à l'agroécologie.

Ainsi, pour un apprenti qui découvre l'espace de la transhumance, c'est la transformation personnelle de cette expérience vitale de la peur qui va le conduire au degré de vigilance indispensable à son travail en montagne. Cette transformation demande de comprendre le troupeau autrement que par une vision techniciste et anthropocentrée. Dans l'environnement particulier des estives, la pratique du métier se décline au gré du ***rythme***, des ***repères*** et des ***périodes***. Les accompagnements réguliers d'apprentissages en estive durant trois à six mois, ont permis d'identifier cela, car c'est en acte que nous pouvons tenter de comprendre comment se construisent ces eco-savoirs.

Le premier des temps évoqués, c'est le ***rythme*** : *le berger, il a son rythme, il ne marche pas comme tout le monde, il prend son temps*. L'apprenti berger doit régler son rythme avec celui du troupeau sinon il s'épuise pour rien. Une pratique en force et à contretemps du métier n'est pas possible au long terme de la saison, car « on ne gagnait rien à résister à l'environnement, et qu'il valait mieux au contraire, s'y adapter, s'y fondre » (Hall 1984 : 53).

Viennent ensuite les ***repères***. En montagne, les repères sont communs à tous les utilisateurs, chaque point remarquable est un code, il a un nom, chargé de l'histoire de la montagne. Histoire qui se transmet : *je crois que quand on est nouveau en montagne, faut pas avoir peur de se faire expliquer*. Mais se former au cours de l'estive signifie que chacun se fasse ses propres repères. Selon son pas, il faut : *découvrir tous les chemins, tous les passages*, afin d'accéder à une certaine liberté de travail et se fondre sans se confondre dans la vastitude de la montagne.

Puis les *périodes* de l'estive qui se déclinent en ***cycle***, ***climat*** et ***l'instant***. Ces trois éléments ont en commun d'être ceux d'un espace-temps marqué et distingué par chaque saison. Le cycle est l'alternance naturelle de phénomènes se renouvelant selon un ordre immuable avec, contrairement au rythme, la notion de boucle, de retour au point de départ. Ce sont le jour et la nuit, les aurores et les crépuscules. Le cycle biologique des animaux et le cycle des saisons sont étroitement liés l'un à l'autre. Ces cycles sont les supports de l'organisation de l'estive, du parcours choisi par et pour les bêtes dans une logique d'utilisation optimale de l'herbe. Dans les conversations, reviennent plusieurs situations critiques liées au climat, ce temps qui enveloppe le berger et contre lequel il ne peut rien, mais avec lequel il doit composer en permanence. Il lui faut prévoir l'orage, pour lui et son troupeau. Dans ces situations électriques, le berger doit anticiper, réagir très vite, au bon moment, pour faire descendre son troupeau de la crête parce que : *les brebis quand il y a de l'orage, il faut pas les emmerder.* Et puis il y a le brouillard, moins critique. Le troupeau si il est laissé tranquille et libre de ses mouvements encoure peu de risques. Le brouillard, est surtout difficile à vivre pour l'apprenti berger, qui doit apprendre à ne rien faire : *ça arrive de se perdre dans le brouillard, il faut savoir que quand on est perdu, on se couche et on attend le lendemain ; en été on ne risque rien.* Enfin l'évocation de ***l'instant***, ce temps vital de l'espace d'un pas. Le pas du berger pris comme référence d'espace et de durée est celui de la lenteur du troupeau, quand il est tranquille et rythme la journée mais quand il est rapide, il rythme les interventions du berger. Ce pas, selon le temps et l'espace qu'il recouvre, est bon ou mauvais et rappelle au berger sa fragilité et sa vulnérabilité dans ce vaste ensemble : *le berger de St-Paul, lui, s'il est mort, c'est qu'il s'est pas trouvé quand il fallait, où il fallait, il devait savoir que lorsque l'on descend et que l'âne est chargé, on marche pas devant.*

Rythme et Instant du rythme ne forment pas un tout et ne peuvent se transcrire en un modèle. Ce sont ici des phénomènes marqueurs de l'espace-temps biocognitif du transhumant. Ils caractérisent pour chacun des bergers la spécificité de son propre eco-savoir. Le rythme-durée comme temps kronos de la longue succession de cycles prévisibles ; et le rythme-instant de l'irruption de kaïros : d'événement aléatoires, du "bon ou mauvais moment" de l'intervention, en rupture le déroulement continu du kronos (Moneyron 2003 : 139). Cet espace-temps rythmique écoformé est propre à chaque transhumant, varie en fonction de son corps-âge, c'est celui du mouvement et du déplacement, celui où l'environnement immédiat incorporé en eco-savoir trans-forme. Il y a un cycle rythmique plus grand que le phénomène présent. À l'intérieur de ce rythme il y a l'espace-temps du couple troupeau-transhumant, peu importe sa place exacte. Quand il recommence, en tant que phénomène complexe (Alhadeff-Jones 2014) d'auto-eco-formation, jamais il ne se redéploie à l'identique dans l'espace-temps du transhumant.

La transhumance, par le fait même qu'elle repose sur le déplacement saisonnier des bergers en fonction des besoins de leurs animaux dans un univers complexe et fragile, est le support d'eco-savoirs aux rythmicités spécifiques. Le mouvement, auquel s'ajoute en été la pente, sont la raison et la façon d'être de l'homme transhumant. Elle régule leur vie, leur travail et les relie étroitement avec les milieux où il sont de passage. L'étude de la complexité du métier et du savoir des transhumants ouvre sur une réflexion plus large du *Autrement* de la formation que les mondes agricoles et ruraux et sociétaux doivent ensemble imaginer et cultiver pour et dans les décennies à venir.

2.3 – A.2 : L'observation : la solitude de la perception sensible et réflective

Considérer l'observation non comme méthodologie de saisie d'informations mais comme posture de formation de la connaissance, initie la conceptualisation d'un eco-savoir de transformation de l'être-au-monde. Approcher cette transformation expérientielle demande d'élargir nos temps de compréhension au temps d'avant et d'après, à hier et à demain, à soi et à l'autre, aux temps diurnes et nocturnes de l'unité, « dans ce tout petit geste vivant, tout l'Univers "se réfléchit", et tout l'Homme "réfléchit" » (Jousse 1974 : 82). Car, de jour aussi, le ciel est peuplé d'étoiles. Le premier homme qui s'en aperçut, dit-on, « était un berger qui, surpris par l'orage, avait cherché refuge au fond d'une grotte obscure. Quand l'orage fut dissipé, il vit, par l'ouverture du passage qu'il avait emprunté, deux étoiles scintiller sur un lambeau de ciel bleu » (Ninio 1989 : 9).

La solitude, par l'absence des autres est vigilance qui renvoie de gré ou de force au maintien de notre forme vitale. Mais, « en quoi consiste l'acuité de la solitude ? » (Levinas 1994 : 21). Elle est la part de risque/vigilance nécessaire au berger pour que s'accomplisse la relation au temps du monde, la relation au temps de l'Autre. Pas une relation semblable à « une association de côte à côte, autour d'un terme commun », mais une relation de « face-à-face » (*ibid* : 19). Une relation qui fasse que la solitude apparaisse comme « unité indissoluble entre l'existant et son œuvre d'exister » (*ibid* : 22). Il faut accepter le temps d'une « solitude pour qu'il y ait liberté du commencement » (*ibid* : 35). C'est en solitude que peut se « dessiner autour de soi un tracé protecteur, à l'intérieur duquel on s'installe, observateur et songeur, méditatif et distrait » (Thomas 1998 : 21). C'est dans la solitude que « le paysage conspire avec l'idée ; il contribue à la réverbération d'une vérité qui fait corps avec l'être humain dans l'unité du sens retrouvé » (Gusdorf 1991 : chap 4), afin de supporter sa liberté, de prendre forme et de « permettre à l'homme d'habiter la séparation d'avec soi et les choses » (Legendre 1996 : 23) dans l'acuité de la vigilance ecoformée.

C'est dans la solitude du quotidien que *L'œil et L'esprit* (Merleau-Ponty 1964) du transhumant prennent toutes leurs dimensions et leurs formes, à travers le geste qui unit la vision et la main. « L'œil est ce qui a été ému par un certain impact du monde et le restitue au visible par les traces de la main. Voir, c'est avoir à distance » (*ibid* : 26). Geste et Observation sont intimement liés, et nous relient au monde des choses que « les yeux perçoivent comme des objets séparés, inanimés », tandis que « le regard de l'esprit, lui, les saisissant dans leur action voit un continuum entre le vivant et l'objet et identifie leur mouvement à celui de la vie » (Comte 1997 : 340). Sous le regard, c'est la plasticité du geste qui prend forme, « ensemble unique et poétique, le geste a en lui le pouvoir de se reformer en se déformant » (Guérin 1995 : 28).

Et cet « approfondissement/transformation d'un rapport d'usage matériel des choses, de l'ordre du réflexe appris ou inné, en un rapport personnel d'échange symbolique n'est certainement pas uniforme, ni d'importance égale » (Pineau/Courtois 1991 : 33). Même si « être libre c'est donner une forme » (Gusdorf 1966 : 56), « tous les hommes n'écrivent pas, tous recourent à la vertu de l'expression dans la parole ou dans l'action, pour dominer les menaces intimes, faire échec à la tentation paresseuse du souci ou de la souffrance » (*ibid* : 68). Le geste vital de l'être-au-monde est là.

Dans cet espace-temps rythmique et socialement solitaire, la formation d'un eco-savoir repose sur une observation tant sensible que réflective (Moneyron 2003), qui dépasse l'action en tant que telle. La part du sensible est la source des apprentissages non médiatisés de l'homme seul avec les éléments, elle relie de manière intelligente à la réalité du monde concret. Le sensible est pris ici dans le sens ontologique en ce qu'il permet, en tant qu'épreuve intime, l'ouverture au monde inconnu. Il n'est pas les sentiments qui sont les émotions qui font réagir. Le sensible, comme rapport vécu au monde, structure et permet d'être efficace, d'*être où il faut quand il faut*. Le sensible est la faculté de sentir ou de ressentir un phénomène physique au cours de l'expérience vécue et de transformer cette perception corporelle réflexe directe en représentation et compréhension explicites. Il désigne la propriété sensorielle du corps à être réactif par les sens ; il signe l'intelligence intuitive de l'appartenance du vivant au monde qui l'entoure. Construire un eco-savoir requière le développement d'une culture naturelle écoformée du sensible, celle des facultés sensorielles du percevoir, de l'observer : celle de « l'enaction » (Varela 1996 : 30), où actions incarnées et perceptions sensori-motrices deviennent des moteurs pour l'action et la production de connaissance. Car vue, ouïe, odorat, goût, toucher sont en prise directe avec le concret fluide du réel. Avec la réflexion sur le vécu de l'expérience directe de la nature, c'est le passage vers une autre façon de regarder, d'écouter, de sentir, de déguster et enfin de toucher : l'eco-savoir développe ainsi la justesse du geste de faire et de penser dans l'instant propice à la situation.

2.3 – A.3 : Imaginaire et vigilance : sur le seuil du Autrement

Depuis la cabane le berger contemple le monde, aux limites d'un monde extérieur survenu et intérieur à venir. Souvent ouverte, la porte est un seuil à côté duquel bien souvent se trouve une place pour s'asseoir, une pierre plate qui a chauffé durant la journée ensoleillée et qui, le soir venu, redonne un peu de sa chaleur au corps fatigué. Depuis le seuil, on sent ce qui se passe, on se délasse, on prend un peu de temps pour soi tout en ayant un œil sur le troupeau qui prend son biais, qui cherche sa place pour la nuit. On se distingue du paysage. Le seuil de la cabane c'est le temps et le passage du jour à la nuit et de la nuit au jour, des allers-retours avec le troupeau sur ces lieux de repos. Sur le seuil « la nuit et la lumière ne sont pas évoquées pour leur étendue, pour leur infini, mais pour leur unité » (Bachelard 1992a : 110). Précédant Gaston Bachelard, l'historien Jules Michelet qui fit une *Histoire de la montagne*, de la *Mer*, signe le 21 septembre 1855, en raconteur rêveur, la particularité de ces heures aux seuils de la lumière, en écrivant en introduction à son ouvrage *L'Oiseau*, il rapporte « comment l'auteur en est venu à l'étude de la nature » (Michelet 1982), par ce qui lui semble en être les espaces-temps primordiaux de passages et de recueil : « C'est de nos heures de repos, des conversations de l'après-midi, des lectures d'hiver, des causeries d'été, que ce livre peu à peu est éclos, si c'est un livre. Deux personnes laborieuses, naturellement réunies après la journée de travail, mettaient ensemble leur récolte, et se refaisaient le cœur par ce dernier repas du soir.» Pour finir par ce « Mais quoi ! voici le jour, le bruit et le travail » (Michelet 1982) qui le ramène aux temporalités du jour qui hachent les rythmes vitaux. Car la relation étroite entre soi et la nature, ce seuil des passages possibles, c'est celui du rythme saisonné des crépuscules et des aurores.

Les conversations échangées avec les bergers sur le seuil de la cabane sont particulières, où l'on dévoile une part réciproque de son intimité ; là où « les simultanéités sensibles qui réunissent les parfums, les couleurs et les sons ne font qu'amorcer des simultanéités plus lointaines et plus profondes » (Bachelard 1992a : 110). Dans le calme de cet espace, ce n'est pas seulement l'œil qui est sollicité, l'ouïe l'est tout autant. Comme forme de perception des modifications de l'Oïkos elle s'exerce, attentive à un bêlement particulier, à un tintement de sonnaille, au son de l'orage qui monte, du vent qui s'engouffre. C'est là, dans la connaissance de la sonorité de son estive que commence pour l'apprenti, l'exercice de sa vigilance et que reculent les limites de sa peur, et : *ça, ça ne s'apprend pas !*, cela se vit au quotidien. « C'est une histoire à mi-chemin de nous-mêmes, presque en retrait, parfois voilée ; on ne doit pas oublier ce "monde mémoire" » (de Certeau et al. 1994 : 11).

Tant le territoire exploré relève de la relation intime entretenue par chacun avec son environnement de travail et de vie, la parole peine à trouver son souffle pour exprimer, dans l'affrontement du corps au réel, la dimension anthropologique portée par un eco-savoir. Comment dans cette immensité, un apprenti peut-il comprendre un monde dont il ignorait la simple existence avant d'être en situation de le découvrir ?

Réfléchir à ces allers-retours continus des expériences directes vécues entre les hommes et les choses, les comprendre, « ce n'est pas expliquer ce que l'on voit, mais saisir le processus à l'œuvre dans la vision et l'énonciation » (Laplantine 1996 : 90). Au cours de ce travail, il s'agit de comprendre avec les acteurs-auteurs, le « rejeu du geste anthropologique » (Jousse 1974 : 18) créant ainsi « l'armature de la trame qui fait le lien entre les générations et qui constitue les mentalités et les cultures » (*ibid* : 18).

Transformer et transhumer ? Le mouvement, qu'il soit celui du corps ou de l'esprit, qu'il soit lent ou rapide, n'est-il pas l'essence même d'un certain quotidien, le lien qui relie à la nature vitale. C'est par le mouvement du troupeau qui, comme celui de la mer, est un mouvement perpétuel, qu'est créée une analogie trans-frontalière entre transhumer, mettre au-delà de la terre-éco et transformer, mettre au-delà de l'homme-auto, au-delà de soi-même. C'est le troupeau qui conduit vers leur racine commune indo-européenne l'homme et l'humus, c'est-à-dire la terre-*ghyom*. L'Homme est terre dans le même temps que la terre est Homme. Ils forment un tout temporel, et ce tout temporel est d'autant plus prégnant dans les rythmicités de l'espace de la transhumance qu'il est vital et vitalité, vif et lent. Dans des alternances de solitude et d'intimité se dessinent les passages d'un espace/temps d'échange physique que l'on peut qualifier de réel-corporel et, lorsque cet horizon est franchi, des interactions réelles-imaginaires naissent, « s'affrontent et se confrontent, selon des transactions complexes dont les avant et les après débordent largement ces lieux périphériques » (Pineau 1980 : 54). Le système homme/nature n'est plus considéré comme un système fermé, étanche où rien ne s'échange, mais comme un deux entités complexes ouvertes sur et à des réciprocités d'inter-co-éco-retro-actions permanentes car, « plus les êtres s'autonomisent, plus leurs frontières s'élargissent et s'ouvrent pour constituer de larges zones d'interactions vitales » (*ibid* : 55).

Réfléchir la transformation selon la seule approche diurne, celle de l'alternance sociale, avec tout ce qui se voit, tout ce qui s'évalue, n'est pas suffisant, il faut prendre en compte la dimension nocturne, personnelle, avec tout ce qui s'intériorise dans la solitude et qui devient connaissance. La nuit, « ce temps et ce lieu spécifique de l'autoformation » (Pineau 1983 : 16), a émergé d'une « expérience de temps mort - temps fort » vécue lors d'une « nuit alpestre » (*ibid* : 16). A partir de ce temps nocturne la mise en forme de l'autoformation a trouvé sa voie et une voix, celle de Gaston Pineau, celle de la nuit. Néanmoins, « il ne s'agit pas d'idéaliser le temps nocturne comme temps autonome […] l'autonomie comme la liberté, n'est pas une donnée à recevoir d'un quelconque espace ou temps social, mais un construit, produit jamais achevé d'un processus permanent de libération et d'autonomisation » (*ibid* : 18). Jeter un regard au-delà des temps de la nuit et du jour, aller voir ce qui se passe à leurs limites, le temps des aurores et des crépuscules, là où toute la nature se dé-forme, disparaît à nos yeux et se re-forme, ce moment où elle prend son rythme dans un long réveil ou pour un nouveau sommeil, telle est la voie choisie pour la découverte d'une alternance écoformatrice en transhumance. Pour saisir ce temps nocturne de leur autoformation, nous proposons aux jeunes bergers d'explorer et de percevoir les capacités et la primauté de leurs sens en éveil dans leur formation à l'estive. Réunis dans un chalet de montagne en forêt d'Irraty, au Pays-Basque nord, nous proposons, à contre-temps de la "sécurité" institutionnelle, une marche nocturne dont nous (formateurs) choisissons et explorons le lieu et le circuit dans l'après-midi qui précède. Tard le soir, alors qu'il fait nuit, les jeunes bergers, accompagnés à nouveau de Louis Espinassou (1997, 2010) et de nous-même, réalisent un premier temps collectif d'approche du lieu, sans lampe torche. Après les rires et les blagues, le silence s'installe, s'impose peu à peu de lui-même, les sens se mettent en éveil, en vigilance. Dans un deuxième temps il s'agit d'une "mise à l'écart" individuelle de chacun des futurs bergers pour une quinzaine de minutes où chacun restera seul sous le ciel nocturne. Enfin, nous revenons chercher un à un nos "petit-poucet" en leur demandant de rester silencieux sur le chemin du retour. Rentrés au chalet, autour d'un feu de cheminée se partagent les crépitements de la chaleur et de la lumière et les premiers mots. Certains préfèrent rester encore un peu dehors, sur la terrasse, être encore pour un temps seul avec la nuit. Avec le Feu, ils parlent simplement de leurs ressentis, lesquels étaient attendus, ceux qu'ils ont découvert dans leur présence solitaire à la vie nocturne. Les sons, les odeurs, leur peau, l'espace, le temps, le ciel, la terre, les ombres, le silence, les repères sont évoqués. L'histoire de vie en formation de la progression du sensible circule du collectif à l'individuel, de l'individuel au collectif. Cette parole respectée et non analysée de l'expérience vécue forme le passage de la lumière vers la nuit puis le retour vers la lumière : « la parole est pour l'homme commencement d'existence » (Gusdorf 1977 : 91).

Penser la formation informelle des bergers, c'est mettre en œuvre et accompagner la découverte d'une expérience sensorielle, non pour recevoir ou donner un savoir finalisé, mais pour ouvrir la parole à sa formation : « l'expérience des choses muettes est portée au langage, non comme leçon, mais plutôt comme récit » (Fabre 2005 : 216). La parole dite et reçue à travers le récit permet à chacun(e) d'aller au-delà de l'expérience directe : elle trans-forme. Elle est ponctuée par les oublis, les ruptures, les blancs, les cassures sans chercher à les combler. Il faut repartir de cela, de ces vides pour accéder aux passages. Il y a des fenêtres et des portes que l'on n'ouvrira jamais, il est des chemins que l'on n'aborde pas, mais ils sont posés, là.

2.3 – A.4 : Biais, Métis et Mimènes : reconnaissance de la formation expérientielle avec la nature

La métis, nomme l'aptitude du travail avec la nature, cet art de s'adapter et d'accepter la situation telle qu'elle se présente. Lui adjoindre la question du geste permet d'aborder l'idée qu'une pratique et une action sont réussies grâce à la prise en compte, dans le même temps, de l'affectivité spécifique du corps, et de l'imaginaire comme traces de l'existence d'un eco-savoir en formation. Ces deux dimensions d'imaginaire et d'affectivité reconnues peuvent leur permettre de mieux « connaître la nature logique des préférences [...] et on s'approchera ainsi davantage d'une intelligence du paradoxe » (Ardoino 1994 : 776).

Dans l'action, la métis, cet art de faire opportun, art ignoré de celui qui fait sans parfois même s'en rendre compte, l'individu ne se contente pas du simple fabriquer-faire, mais transforme son être même : « il a rassemblé dans son propre corps des connaissances par l'essai, l'épreuve, l'erreur et la confirmation » (Nadeau 1989 : 107). La métis, dimension incontournable du geste juste, ouvre l'accès à une « praxis éducative » comme « capacité d'autorisation en tant que création progressive et continuée de soi, qui nous semble la plus représentative d'une praxis non réduite à la conformité et à la reproduction des pratiques sociales » (Ardoino 1994 : 777).

Métis et pratique sont étroitement reliées dans le développement d'une « prudence avisée » (Detienne/Vernant 1974 : 17) qui s'oppose à l'utilisation de la force pour la réussite d'une action. « La métis est bien une forme d'intelligence et de pensée » (*ibid* : 8), que Detienne et Vernant qualifient de « catégorie mentale et non de notion » (*ibid* : 9), même si elle apparaît plus ou moins « en creux, immergée dans la pratique » (*ibid* : 9[17]). L'évidence de l'instant caractérise la métis. L'occasion qui fait que ce qui a été prévu depuis fort longtemps va être mis en œuvre. Sans cette vigilance-attention permanente que l'on développe même dans les moments de repos, aucune action ne peut se réaliser, ni même s'envisager. « L'homme à la métis est sans cesse prêt à bondir ; il agit dans le temps d'un éclair [...] ce qui ne veut pas dire qu'il cède à une impulsion subite. Au lieu de flotter çà et là au gré des circonstances, elle ancre profondément l'esprit dans le sujet, grâce à sa capacité de prévoir, par-delà le présent immédiat, une tranche plus ou moins épaisse du futur » (*ibid* : 22). Cette évidence de la justesse et la bonne puissance du geste est subordonnée à la maîtrise d' « un horizon temporel, où deux forces antagonistes s'affrontent ; [...] la métis surgit dans un espace ouvert que traverse une puissance de passage » (*ibid* : 266). Dans cet horizon temporel, nuit et repos transforment ce « passage oblique » (*ibid* : 274), en restant les temps privilégiés de la re-présentation de la métis. En effet, celle-ci reste liée à un savoir insaisissable et non limité, c'est le tour de main, le « biais du gars » (Denoyel 1990, 1998).

Aussi, ce qui peut caractériser la métis c'est sa construction perpétuelle dans le temps et dans l'espace. La métis est mouvement avec « sa double connotation de lien et de circularité » (*ibid* : 271). Elle re-présente à la fois « le passage et la traversée » (*ibid* : 272). La traversée, chemin de l'expérience sans lequel aucune mémoire ne se construit ; le passage, signe, repère, qui relie les horizons, « le point au-delà duquel commence le vide » (*ibid* : 272). Sans cette « complicité fondamentale du lien et du cercle, la métis ne peut pleinement s'exercer » (*ibid* : 292).

Dans cet essai sur la mise en sens des eco-savoirs des bergers transhumants, savoirs qui naissent du sens donné aux interactions qui s'établissent entre l'Homme et l'Univers, il va s'agir de poursuivre la recherche sur le possible accompagnement de cette expérience qui trans-forme afin de

[17] Detienne M., Vernant J-P., 1974, *Les ruses de l'intelligence-La métis des grecs*, Paris, Flammarion : 9.

favoriser la découverte du cercle et du lien. Ici, plus que les témoignages sur la peur, ce qui est important de relever, c'est le geste en mouvement. Ce geste qui se construit à la fois dans le rythme lent de l'estive et dans l'immédiateté de l'instant et qui structure les eco-savoirs, où le sens de l'observation incorporé est la voie d'accès à la vigilance que l'apprenti-berger doit développer pour sur-vivre en montagne. Ce geste n'est pas celui d'un savoir à propos de quelque chose, il est l'expérience incorporée d'un eco-savoir, écho de l'amplitude et de la profondeur d'une relation autre à la nature. Il est la trace de « sapience, début de la sagesse ou de la maturité » (Varela *et al.* 1993 : 58).

Chap 2.3 – B
Écoformation des Techniciens d'une UE de l'INRA

En 2003, le site INRA[18] de Mirecourt, dans les Vosges, souhaite expérimenter une orientation de son unité expérimentale (UE[19]) vers une agriculture adaptée aux ressources et aux potentialités du milieu. Dans cette nouvelle perspective de travail et de recherche, des pratiques existantes, d'anciens savoirs et des savoirs nouveaux devaient être mis à jour selon une posture *« d'échanges de savoirs »* entre des agriculteurs en activité et les techniciens de la station. À ce moment de la recherche-action-formation, les chercheurs souhaitent se cantonner à leurs recherches disciplinaires. Ils se désintéressent de ce projet et refusent de réfléchir avec le collectif à la mise en place de protocoles de recherches à partir des questions partagées : se considérant comme uniques détenteurs de la connaissance et des méthodologies de recherche. Cela s'explique en grande partie du fait qu'à cette époque, dans ses orientations pluriannuelles, l'INRA ne trouvent pas pertinent de s'intéresser aux modes de production des agricultures non conventionnelles.

Habituellement, il est admis que ce sont les savoirs issus de la recherche qui seront diffusés vers le terrain. Dans le contexte d'une U.E. les techniciens sont au service de la recherche et non producteurs/détenteurs de savoirs.

En amont de cette recherche-action-formation, la posture se veut très différente en postulant que passer d'une agriculture conventionnelle – basée sur l'artificialisation du milieu et l'application de recettes selon une approche analytique –, à une agriculture en lien étroit avec le milieu – c'est-à-dire adaptée à ses potentialités, basée sur l'observation, l'anticipation –, nécessite, pour amorcer ce changement un accompagnement en

---

[18] INRA : Institut national de la Recherche Agronomique.

[19] Les fermes expérimentales ou Unités Expérimentales de l'INRA sont des fermes propriétés de l'État français qui sont au service des chercheurs pour la mise en œuvre de leurs protocoles de recherches. Leurs types de productions varient en fonction des régions où elles sont localisées.

formation. Au commencement, le postulat partagé est que l'approche technicienne du travail fondée sur l'application de règles standardisées s'avère obsolète lors de la confrontation à des modes de productions agroécologiques. Pour les techniciens de cette UE, ce changement d'attitude et de paradigme vis-à-vis du savoir et de la connaissance est beaucoup plus déstabilisant et impliquant qu'il n'y paraît. C'est la double question de ce que eux se reconnaissent comme savoirs et des autres qui les reconnaissent comme détenteurs de savoirs.

Au départ du projet, pour la majorité des techniciens, l'agriculture agroécologique était aux antipodes de la sphère de leurs références professionnelles, et/ou sociales, et/ou personnelles. Quand elle était reléguée au rang d'exotisme, totalement en marge de l'agriculture conventionnelle qu'ils pratiquent et connaissent. Cette recherche-action-formation va se déployer à contre-courant, de façon si insolite et inattendue, que les chercheurs du centre de recherche sont effrayés quant à leur légitimité. Cette terreur va se dissiper, car telle n'est pas la voie de la polémique que choisira le groupe. Son énergie il va la mettre dans la reconnaissance des modes de savoir négligés jusqu'à présent par la recherche. Pour autant les chercheurs disciplinaires ne viendront pas travailler avec le collectif. Dès le départ, les techniciens se proposent d'explorer les passages possibles de leur changement au plus près et avec ceux qui font – c'est-à-dire les agriculteurs en production non conventionnelle. Il est décidé de repartir d'une multiplicité de situations concrètes rencontrées, car le *réel* d'un milieu n'est pas le même *réel* que celui d'un autre milieu. Pour imaginer ces situations d'échanges et d'expériences entre agriculteurs en agroécologie et techniciens et afin que ces derniers acceptent que l'on puisse travailler autrement avec le milieu, il s'agira de s'appuyer sur l'expérience vécue et partagée dans une posture de découverte sans *a priori*. Les perceptions sensorielles et sensibles sont sollicitées en première intention pour une mise en sommeil des connaissances formelles, du regard analytique et des jugements. D'autre part, les agriculteurs sont sollicités pour évoquer leur imaginaire expérientiel afin de développer la raison qui sous-tend la formation de leur eco-savoir. C'est à partir de mises en situation de découverte directe sur des exploitations en agriculture biologique, puis par des échanges réflexifs avec des agriculteurs en activité et/ou à la retraite, que la spécificité de ces savoirs est entre-aperçue, réfléchie et identifiée. Dans cette nouvelle perspective de production les sens de l'observation des techniciens vont se déplacer.

Pour cela, contrairement à ce qui se fait couramment, nous choisissons un mode de visite des exploitations sans objectif *a priori*, sans questions préparées à l'avance et à poser aux agriculteurs. Cet imprévu est apprécié des techniciens : *la visite libre permet de faire son propre circuit et de porter une plus grande attention ; le temps d'observation individuel ; être moins nombreux pour visiter.* Le temps consacré aux échanges et à l'explicitation des observations spontanées, a permis de voir les limites, les freins et de mesurer la différence dans les façons d'observer de chacun, et pointé également ce qui est observé et les moments d'observation : *des choses qu'on n'a pas vues heureusement relevées dans les échanges qui ont suivi*.

2.3 – B.1 : Poly-culture-élevage : la raison du sensible

Lors du volet formation-action-accompagnement de la recherche parce que les conditions d'écoutes étaient réunies pour aborder les temps de l'observation, de l'imaginaire, des rythmes de leur éco-bio-graphie individuelle et collective, poly-culteurs-éleveurs et techniciens parlent de leurs expériences vécues. Ils prennent tous conscience de leur écoformation comme origine et pertinence de leurs savoirs. Quant aux techniciens, pour tenter de comprendre les façons de faire de l'agriculteur, ils sortent vite du mode de la conversation pour poser des questions précises selon leurs valeurs : *Avec les cailloux, t'as pas beaucoup de rendement ?* question à laquelle l'agriculteur répond : *C'est pas la présence des cailloux, c'est l'ensemble du sol. Qu'il n'y ait pas de mauvais liens, c'est le potentiel du sol qui me guide !* Les agriculteurs racontent comment ils n'estiment pas *a priori*, la valeur et le potentiel de la terre par la granulométrie et l'analyse chimique du sol. Ils mobilisent, de manière permanente et réactive, leur connaissance sensible, pour raisonner et ajuster leurs actions, leurs choix, selon les diversités et les spécificités des réalités physiques des éléments, des *variables naturelles* propres à leurs milieux : *C'est de la terre, t'y rentres toujours tout seul* ; à la réaction à l'eau : *C'est de la terre qui ressuie bien* ; à la couleur : *Les couleurs en ce moment me plaisent bien*.

Ainsi, pour les techniciens et les agriculteurs, le passage au *Autrement* de l'agroécologie se découvre et se forme par déconstruction/reconstruction d'un raisonnement autre, d'un eco-savoir dans/par la perception et la place reconnue à l'expérience complexe non didactisable du réel.

2.3 – B.2 : Tentative de reconstruction du Autrement

Suite à ces journées une synthèse est co-construite à partir des paroles des agriculteurs et avec eux. Sous une forme schématique (Moneyron 2004), elle est rediscutée et partagée avec les techniciens et aide la compréhension et la transcription du comment se construisent les savoirs à partir des pratiques et comment ils s'articulent entre eux.

Dans la pratique de l'agir en agroécologie, l'intervalle entre observation et acte est souvent très ténu car simultané. Le travail avec le réel en marche correspond à un espace-temps où tout peut basculer très vite, au moindre changement dont il faut savoir se saisir par anticipation. Passer de production de type industriel à l'agroécologie signifie, dans les choix des modes de productions, que des points d'équilibre sont à trouver et à définir au cas par cas, à partir de « l'observation réflective continue du réel » (Moneyron 2003). Leur stabilisation demandera plusieurs années, car cet équilibre se joue dans des inter-actions continues entre l'humain, le végétal, l'animal, les éléments naturels, pour prendre en compte, autrement, le technique, l'économique. Faire *avec* l'aléa, c'est accepter de ne pas tout maîtriser, contrôler, diriger, et cela se concrétise par des ajustements permanents au réel. Dans un monde qui reconsidère la permanence de l'incertitude, la présence acceptée de l'aléa devient le pivot paradoxal de la formation des eco-savoirs et de l'agir en agroécologie.

Pour les techniciens, l’organisation du travail selon une logique chronos des horaires, et un découpage du réel en tâches à réaliser, montre que c’est toute la dialectique visible/invisible du travail avec le vivant qui est oubliée. Ce sont eux qui, au cours de la recherche-action-formation remarquent que le mode de raisonnement et l’approche du travail en agroécologie sont aux antipodes de leur vision : *les points d’équilibre seraient plutôt des points de déséquilibre*. Les agriculteurs de confirmer qu’il leur a fallu accepter de lâcher leurs anciens repères : *il n’y a pas de norme, à partir de ce moment où on arrive à s’imprégner des choses fortes*.

Là encore, la question de l’observation s’invite rapidement. À la fois la nécessité d’observer beaucoup : *c’est à force de répétition que l’on voit mieux*, mais surtout d’observer autrement et autre chose : *ce ne sont plus les mêmes critères de réussite qui sont recherchés* et les mêmes repères qui sont mis en œuvre et la même façon d’observer *là, on est obligé de regarder plusieurs choses en même temps*. Les limites de la mémoire-observation générationnelle de la terre est évoquée : *ce qui signifie qu’en bio, tu ne vois que deux peut-être trois rotations sur ta vie : tu peux pas t’en souvenir.*

De leur côté, lorsque les agriculteurs découvrent la station expérimentale, avec pour objectif, à partir de leurs observations, de se mettre dans la perspective du changement de mode de production à venir pour les techniciens, un éleveur remarque : *j’ai l’impression, ici, l’œil de l’éleveur est remplacé par la bascule, quand on passe devant les animaux, souvent on ne voit pas les animaux, il y a des râteliers, des crèches, souvent il y a un obstacle entre la personne qui voit et ce qu’elle pourrait voir.*

Ce sont les sens et le corps qui permettent de comprendre le vivant. Parfois ils servent à mesurer et à ajuster le travail au cours de l’action : *quand je récolte, je vois la pente dans la benne, je mets la main dedans et puis au bruit du grain qui roule, et seulement après j'utilise l'humidimètre*. Mais souvent corps et sens ont pour simple vocation d'entrer et de rester en contact avec le vivant, de préparer une action à venir : *j'ai constaté une amélioration de la performance de mes vaches en les caressant* dit un éleveur, et ensuite il raconte comment se passent les vêlages. Pour les agriculteurs, la valeur et le potentiel du milieu ne sont pas d'abord estimés par la granulométrie et l'analyse chimique du sol, par le chargement d'animaux à l'hectare, ce sont des images globales en lien avec des lieux et des situations précises qui leurs viennent spontanément. Ils raisonnent selon la diversité et les spécificités de la réalité physique des éléments, des variables naturelles propres à la complexité de chaque micro-milieu. Au quotidien, à chaque instant, quand il faut prendre une décision, le cultivateur, l'éleveur estiment l'importance de ces variables selon une logique d'ensemble et non séparément, tout en appréciant le caractère singulier de chacune d'entre elles.

Lors des échanges avec les agriculteurs à partir de ces expériences vécues en commun, c'est une autre approche du travail et du savoir qui se dit : *c'est fini l'arithmétique, le saucissonnage, les essais sont noyés dans la masse car il y a des variables en grande quantité, cela s'inscrit dans le temps, sur un feeling*. Tout comme pour les bergers, la nécessité de faire puis laisser se faire les choses est nommée par les agriculteurs. Il leur faut comprendre l'interaction des éléments. C'est un : *savoir lire la terre*, ce qui ne signifie pas se résigner, mais que ce sont les éléments pris en tant que tels qui affinent et régulent le travail : *les mottes ! elles seront émiettées par le froid, et puis elles protègent la plante du gel*, c'est un autre regard qui s'ouvre, c'est aller vers les rythmes de la lenteur et de la précision.

2.3 – B.3 : L'humilité : la place de l'imaginaire dans le travail Avec les éléments

Le dictionnaire de la langue française définit l'agronomie comme « l'ensemble des connaissances théoriques et des pratiques relatives à l'agriculture ». Au cours d'échanges sur la question de la mise en place d'une agriculture conçue *Avec* le milieu, agronomes et agriculteurs montrent que leur réalité ne permet pas d'en avoir la même conception. Selon l'approche scientifique, l'agronomie : *c'est la science du sol,* ce sur quoi les agriculteurs sont d'accord, en théorie : *ok sur la définition.* Puis en repartant de leur réalité expérientielle, la-dite définition devient moins consensuelle : *et comment on fait de l'agronomie sans animaux ? Sous nos latitudes lorraines on va en parler !* Les agriculteurs comprennent et appréhendent le sol comme support de biodiversité du vivant, « le sol est un milieu terrestre où prennent naissance les végétaux et les animaux et où s'achève la vie » (Lahmar 2001 : 5). Ils parlent d'agronomie à partir de leurs observations pratiques et de la mémoire humaine et écologique.

Pour penser et panser la terre et ses cultures, l'humilité n'est pas morale, mais éthique, c'est une posture de travail : *c'est pas nous petits bonshommes de rien du tout, très éphémères dans le temps qui allons révolutionner des masses qui ont mis des millénaires pour se faire. Cette humilité là, il faut qu'on l'ait.* Ils savent qu'ils ne pourront pas dominer les éléments : *la terre a raison, à partir de là il faut faire avec* dit un agriculteur à la retraite. À travers l'humilité, il mobilise son imaginaire sur les rythmes lents qui font passer la roche à l'état de terre arable. « C'est un "temps de respiration" au cours de la lente destruction de la roche, qui la conduit de l'état de pierre à celui de grain de sable ; de la vie, qu'elle connaissait en appartenant au socle de la terre, à l'agronomie, quand elle est réduite en poussière » (Malaurie 1999 : 23).

La plante est trace et passage élémental changeant au cours des saisons. Le sol en est le pivot, la lumière fournit l'énergie de croissance et/ou de destruction lorsqu'elle est trop intense ; l'air et l'eau sont les fluides qui permettent à l'énergie de circuler librement. Dans le quotidien de son travail, le cultivateur articule force et énergie des éléments. Il agit selon une stratégie de complémentarité des uns en regard des autres. Il n'est ni dans un rapport de domination, ni de subordination avec le milieu, mais dans un rapport d'attention fait d'ajustements permanents, car il sait d'expérience que « l'usage purement utilitaire des éléments use l'organisme, l'automatise, le chosifie en émoussant la conscience et abrutissant la personne » (Pineau *et al.* 2005 : 29). Si certains se sentent plus cultivateur qu'éleveur, tous raisonnent l'équilibre de leur exploitation à partir des besoins des sols, en articulant les dynamiques animal/plante afin que l'animal fournisse la matière organique nutriment de la terre. Les différents niveaux de profondeurs du sol sont perçus de façon très concrète, et bien qu'ils y soient attentifs, c'est parfois le sol qui le leur rappelle : *on a 12 ha sur le plateau là-haut, et on a fait un semis sous couvert, un petit coup de herse étrille, mais la herse étrille elle a relevé, et on a ramassé 50 tonnes de cailloux dans les 12 ha. Je crois que je vais me calmer la prochaine fois, je vais faire autrement, j'ai passé le rouleau, mais j'aurai du passer aussitôt, enfin bref, mais autrement on ramasse les gros cailloux et j'en casse un de temps en temps. Je crois qu'il faut faire avec le milieu, on ne va pas avoir un limon là-dedans*. Ce propos, nous renvoie à ce qui perçoit l'intuition d'une autre voix, celle de Jean Malaurie à propos des éboulis : « La science des individus ne se conçoit que dans la vision grandiose d'un ordre universel. [...] Cet ecosystème physique, découvert dans les pierres des éboulis, s'est révélé, dans une combinatoire complexe, » (Malaurie 1999 : 146 - 26).

L'acceptation d'une observation esthétique par la vue et « esthésique » (Bouillet 2001) par la sensibilité attentive du regard permet à l'agronome : d'*apprécier autrement qu'avec les critères habituels la pertinence d'un système* et de s'ouvrir à une autre réalité qui articule dans le même temps réel et imaginaire.

2.3 – B.4 : La formation d'un autre rapport au vivant

De façon significative, le déroulé et la création pas à pas, du contenu de la recherche-action-formation ont permis de déplacer la représentation qu'avaient les techniciens d'une agriculture construite *Avec* le milieu et de ressentir et appréhender la formation autrement des savoirs pour l'agroécologie. Ils sont passés d'une vision d'agriculture marginale, voire obsolète, à celle d'une agriculture complexe, articulant temps personnel et temps agricole, et dépassant largement le seul niveau technique d'intervention et de contrôle. Et, qu'au delà de l'adhésion à une certaine philosophie sur la place et le rôle de l'Homme vis-à-vis de la nature, ce type d'agriculture demande la construction et la mise en œuvre d'une méthode de travail fine et exigeante : notes, mémoire, observations, analyse permanente des composantes de chaque situation, posture d'échanges sur ses questionnements, ses doutes. Ces agriculteurs là sont les scribes du temps.

Les rencontres avec les agriculteurs ont permis de percevoir des possibles et ont été l'occasion d'amorcer des échanges à partir de questions pratiques au moment même où elles se posaient à eux. Des techniciens, notamment les vachers, ont téléphoné à des éleveurs lorsqu'ils rencontraient une difficulté dans le diagnostic ou le traitement d'un animal malade. Parfois ils eurent des discussions assez animées avec les chercheurs qui leur faisaient des demandes de protocoles de recherche "contre-nature". Ces échanges montrent qu'à partir de là, ils acceptent que les savoirs ne soient pas détenus uniquement par des spécialistes et qu'un savoir valide peut se construire aussi à partir de l'expérience. Face à ce changement, chacun à son niveau se trouve en posture d'apprentissage de nouveaux savoirs mal identifiés et non reconnus, car peu pris en compte dans les recherches, que ce soit dans le domaine de la zootechnie et de l'agronomie, mais également dans celles des sciences humaines.

Ce type de changement, plus profond qu'il n'y paraît *a priori*, comme en ont témoigné les cultivateurs-éleveurs à chacune de nos rencontres, ne peut se faire sur le court terme. Chez certains techniciens, des éléments de pensée et de pratiques ont bougé ; pour ceux là, il faut laisser le temps d'une maturation qu'il faudra accompagner car elle porte avec elle de nombreux doutes. Quant à ceux qui n'ont pas pu ou pas su déplacer leur façon de faire et de percevoir, qui ne sont pas encore arrivés à sortir du modèle qui prend l'efficacité technique comme seul critère de réussite, le temps à lui seul ne suffira pas à les transformer. Toutefois le changement de mode de raisonnement ne peut se faire en force, seul un événement fort pourra le déclencher. Renouveler des temps longs de formation de type compagnonnage avec des agriculteurs, le permettrait mais la volonté politique de changement sera-t-elle réellement au rendez-vous et mise en place ?

En effet les savoirs non didactisables, la part invisible du travail quotidien qui les sous-tend pouvant difficilement se transmettre de façon formelle, l'apprentissage ne peut se faire que par une expérience vécue partagée : *Ce qui nous met souvent en discussion entre le céréalier et l'éleveur c'est que l'éleveur travaille dans l'ombre, il fait toujours la même chose, le céréalier, on voit le champ labouré, encore que pas tout. Pierrot, il est céréalier, mais il a un vécu dans les vaches, il comprend le problème du travail dans l'ombre des animaux et les points de travaux.*

Chap 2.3 – C
Les Viticulteurs de Westhalten : une écoformation en commun[20]

avril est passé par dessus mars
et l'or des corolles de piloselle
un îlot de neige sur les sommets
Anne Moneyron[21]

Parce qu'aujourd'hui il est nécessaire de découpler/recoupler les questions socio-eco-agri-environnementales, la problématique de la "santé de la vigne" devient trop vaste et complexe pour des recherches disciplinaires ou pluri-disciplinaires. De par ses inter-actions socio-eco-logiques, elle dépasse, de fait en les traversant, les frontières disciplinaires des sciences.

Pourtant, le monde de la recherche persiste à se focaliser sur les façons d'augmenter, en force, contre-nature, de manière high-tech, la résistance du vivant. Celui du développement modélise des solutions clé en main sous formes d'itinéraires techniques. Celui de l'enseignement diffuse des connaissances analytiques didactisables tout en reconnaissant l'existence d'autres savoirs dont il ne sait que faire en vue du non-changement des modèles. Dans une situation où l'agroécologie devient ce que l'on pourrait nommer le progrès, ces erreurs d'appréciation du savoir et du besoin de connaissance sont soulevées depuis plusieurs décennies, notamment dans la

[20] Nota : D'autres avancées et conceptualisations, éléments de cette recherche pouvaient trouver leur place ici, mais la règle des publications scientifiques, et de ce fait en regard de son importance pour les chercheurs avec lesquels une partie de ce travail a été réalisé, fait que nous nous abstenons de les présenter ici. On pourra néanmoins consulter : *Moneyron, LMC, Westhalten group, J. F. Lallemand, C. Schmitt, M. Perrin, I. Soustre-Gacougnolle, J. E. Masson, 2017, Linking the knowledge and reasoning of dissenting actors fosters a bottom-up design of agroecological viticulture. Agron. Sustain. Dev. 37-41 (2017). doi.org/10.1007/s13593-017-0449-3).*

[21] Moneyron A., 2015, Journal de recherche, Projet cavaillon sans herbicides, Westhalten, Entretiens individuels Avril 2015.

viticulture : « L’erreur stratégique des propagateurs de la science officielle a préalablement consisté à croire qu’il suffisait, pour conduire le progrès agricole, de substituer une forme de savoir scientifique à une autre préscientifique ou extra-scientifique comme si les opérations mentales qu’elles impliquaient, leur champ d’application étaient identiques. Cette ingestion à toute force des savoirs réputés scientifiques ne pouvaient que rencontrer les réticences des intéressés » (Bonneil 1983 : 14).

En regard de l'urgence de la prise en compte des limites environnementales du développement de l'agriculture, des lois agricoles voient le jour, relayées par des propositions de "participation" dans des instances et des cercles de débats. Dans le récent projet « agroécologie pour la France », pour ce qui concerne le travail présenté ici, les viticulteurs ont le sentiment d'être peu écoutés et peu entendus, d'être ignorés dans leur manière et leur capacité à repenser les problèmes agri-environnementaux selon une approche complexe et à apporter leurs voix et leurs voies à la recherche par la réflexion partagée pour la production de connaissances transdisciplinaires.

Depuis une vingtaine d'année, du point de vue « sciences & sociétés », il est question des changements (l’accent est mis de manière accusatoire sur la nécessité d’une diminution des traitements) qui doivent être opérés par la viticulture *Grenelle de l'Environnement* (2010-2018), *Plan agrocologique pour la France* (2015-2025), *Alim’Agri* (depuis 2017) pour ne citer que ceux du ministère de l’agriculture de la dernière décennie. Si le fait d'une "écologisation" de l'agriculture paraît être en soit de moins en moins discutable, navigant entre ministère de l’agriculture et celui de l’écologie-transition écologique, la réalité dans les réalisations l'est beaucoup moins. Alors que les plans de réduction des intrants chimiques donnent de nouvelles normes quantitatives à réaliser à l’horizon 2018, reporté à 2025, probablement reporté à … , beaucoup de questions quand à la véritable volonté de changement et de son accompagnement circulent sur le terrain.

Ces normes, du point de vue de la santé de la vigne, sont-elles tenables, pour la vigne et pour l'Homme et pour la nature ?

Ne sont-elles pas réductrices et accusatrices en regard des savoirs existants en filigrane de "pratiques devenues mauvaises", non conformes, parfois versatiles, et surtout dues notamment au changement de regard de la société sur l'Environnement ?

Parmi tout ce qu'il entend et voit, comment le viticulteur peut-il connaître quelles sont et seront les meilleures voies pour y parvenir, chez lui, selon ses valeurs ?

Comment participer activement à l'élaboration collective de ces nouvelles voies et produire de la connaissance vérifiée ?

Les solutions agronomiques proposées, descendantes, allant du simple verdissement (greenwashing) à ceux d'une écologisation massive et uniforme sont synonymes, dans la situation qui nous intéresse, d'une autre forme de manipulation du vivant dont celui du travail humain quotidien du viticulteur *Avec* la nature est exclu de la réflexion et de la production de connaissance. Celui-ci se voit à nouveau coupé de ses dimensions eco-transformatrices vécues, ses valeurs éco-culturelles intergénérationnelles : la complexité et l'historicité de « la culture cachée » (Hall 1979 : 61) est niée. Au-delà des grands débats alimentant cette question, sur le terrain de la réalité quotidienne, là où la situation doit changer en priorité pour aller dans le sens de l'agroécologie, des conflits sont générés ou attisés autour de ces questions notamment par manque de volonté et de méthode pour des actions concrètes de co-construction de connaissances vérifiées relative à la "santé de la vigne" selon les eco-logiques-humaines d'un territoire habité. En regard d'un monde aux ressources limitées, – rares sont ceux qui le conteste –, il est aujourd'hui indéniable que de profonds changements de pratiques doivent être opérés dans les modèles dominants actuels de productions agricoles. Mais les questions de recherche à propos de la mise en œuvre d'autres pratiques se focalisent autour de deux postures. Soit la recherche scientifique se cristallise sur le pouvoir qu'elle se donne par son savoir omnipotent et continue à construire dans un entre-soi des problématiques de recherche de lutte contre des éléments tenus séparés ; soit elle interroge son propre mode de production de savoir et s'ouvre à la réalité de la co-construction de questions de recherche interdisciplinaires sur la santé de la vigne par l'entrée du comment *"faire avec"*, c'est-à-dire par l'entrée de la complexité. Il s'agit, de manière urgente pour la connaissance formalisée, de comprendre comment s'organisent et interagissent des éléments, jusqu'à présent tenus séparés, pour rendre le *Autrement* de l'agroécologie efficace dans une situation d'incertitude. Cette entrée existe et elle est travaillée ça et là dans des domaines hors agriculture[22]. Toutefois, pour se réaliser et tenir dans le temps long, elle nécessite un renversement de posture et une prise de risque, celle d'une ouverture inter-pluri-trans-disciplinaire de la recherche selon une posture ascendante et partagée des savoirs et de la connaissance et de la prise en compte de leurs différents niveaux de réalité. En effet, « les matériaux nécessaires à la formulation de n'importe quelle intuition existent sous forme latente, de façon souvent informulée, mais néanmoins déjà bien présente chez l'homme. On peut la communiquer de diverses façons, mais il est impossible de l'implanter dans l'esprit des autres » (Hall 1979 : 61).

Face à ces injonctions, aux frontières de l'agriculture et de l'environnement, des blocages se créent, des peurs et des mythes voient le jour, des conflits collectifs latents "remontent", des interrogations individuelles se cristallisent, où chacun se demande comment il va parvenir à atteindre et à tenir dans le temps imparti les normes fixées. Des solutions existent leur dit-on : la viticulture biologique et les nouvelles variétés résistantes. Or, que ce soit l'une ou l'autre de ces "solutions" elles font table rase des savoirs et des pratiques existants, quand elles ne les montrent pas du doigt comme inadéquates. Mais quelles sont les connaissances vérifiées de la validité à long-terme de ces modèles se demandent certains ? – *Parce que des conseils ont en a eu, on voit où ça nous a menés ! – Et ma vigne, comment va-t-elle réagir, moi je ne la travaille pas*

---

[22] ATD Quart Monde-Cnam, 2016, Appel pour le développement des recherches participatives en croisement des savoirs.

comme vous ! – Et le travail, moi j'ai mal au dos, je ne veux pas travailler comme le faisaient mes parents ! – Et la qualité du vin, il ne faut pas oublier que si on travaille la vigne c'est pour produire du vin !

Des postures figées contribuent au clivage entre l'ensemble des acteurs : viticulteurs, chercheur, conseillers agricoles, naturalistes, citoyens, élus, et participent à l'immobilisme, voire aux résistances au changement. Dans le contexte de bouleversements et d'incertitudes, il faut imaginer à l'échelle collective et individuelle de l'ensemble des acteurs d'un territoire et dans le même temps : – des pratiques viticoles plus respectueuses de l'environnement et de la santé des vignerons ; – de préserver l'image des vins et ce qui contribue à leur identité et leur qualité ; – d'anticiper sur les aléas du climat, afin de sortir par le haut au niveau économique.

Est-ce une équation à plusieurs inconnues impossible à résoudre ?

En favorisant l'expression et le partage de ces "conflits", une problématique collective peut se dessiner sur une question transversale pour une recherche transdisciplinaire : comment du point de vue sanitaire et humain et écologique peut-on franchir ce pas d'un raisonnement autre de la santé de la vigne, pour aller vers un raisonnement qui passe du contrôle à tout prix vers l'acceptation dans l'agir, du niveau de complexité et d'incertitude inhérents à la réalité agro-eco-logique quotidienne actuelle et à venir ?

2.3 – C.1 : Vigne et Ecophyto 2018 : une problématique complexe de recherche

En prolongement des engagements du *Grenelle de l'Environnement* le ministère de l'agriculture établi le « plan Ecophyto 2018 » qui précise l'objectif à atteindre en terme d'impact phytosanitaire des activités agricoles soit « une réduction de 50 %, de l'usage des pesticides, si possible à l'horizon 2018 ». Pour évaluer la diminution des pesticides, trois indicateurs sont construits. À l'échelle nationale : le QSA

(Quantité de Substances Actives) et le NODU (Nombre de Doses Unités) ; pour l'échelle locale c'est l'IFT (Indicateur de Fréquence de Traitement).

Le paysage du vignoble alsacien, se déroule comme une grande vague verte continue. En y regardant de plus près se découvre, un parcellaire très morcelé qui génère une mosaïque de viticulteurs et de pratiques. Pour une approche territorialisée de la problématique de la santé de la vigne (résistance aux pesticides) et de sa résistance aux maladies (bioagresseurs), dès 2003 un groupe en R-A se met en place qui postule que : pour réduire les risques liés aux pesticides, une approche collective transdisciplinaire est aujourd'hui une posture incontournable. Se redéfinissant d'un intérieur individuel vers un extérieur collectif, entre l'homme et la nature, c'est un nouveau contexte de prise en compte de la santé de la vigne et de son environnement qui se dessine au sein de ce groupe.

Il est décidé que c'est collectivement que la co-formation et la transformation des résistances de la santé de la vigne et des viticulteurs se construiront et engendreront des changements dans l'action et la recherche vers une nouvelle vision et prise en compte du monde réel. Le mot formation n'est pas à lire ici dans son acception socio-professionnelle d'apprentissage didactique ou technique mais bien dans sa perspective bio-cognitive. La formation intègre des éléments de savoirs pluriformés permettant à l'être de trouver son unité existentielle, une unité mouvante et plurielle mais néanmoins organisée et surtout signifiante. Elle répond à l'action de mettre ensemble, à un moment donné, une multitude d'ingrédients disparates et de leur conférer une forme et un sens. Ainsi la recherche-action-formation avec ses alternances d'action concrètes et de pauses réflexives, avec les sphères d'appartenance différentes qui se confrontent, dialoguent entre elles, avec les prises de décision collectives, instaure un terrain propice au changement et à une exploration de ce processus, et des résistances à l'œuvre.

À partir d'une posture de recherche-action-formation, le collectif constitué de vignerons, chercheurs, naturalistes, formateurs, intègre les dimensions humaines : peur, aléa, préoccupations, risques, rapport au temps, image, rapport à la nature, composantes non prises en compte habituellement, car « est l'objet de science toute matière que la société juge digne d'être transmise. En un mot la science c'est ce qui s'enseigne » (Barthes 1984). Dès 2003, ce collectif établi, au cours de débats parfois musclés, que ce n'est pas l'homme ou la vigne qui peuvent résister aux attaques (fongiques, parasitaires, etc.), mais c'est la complexité homme-vigne-environnement qui est au centre de ces résistances et porte le potentiel des changements agroécologiques.

Ainsi, toujours selon la perspective de reconnaissance de tous les savoirs, le groupe de R-A « REPERE[23]» se réunit en 2012 et pose une question non traitée mais que soulève la mise en œuvre du plan Ecophyto 2018 : comment les savoirs construits et les avancées agroécologiques réalisées depuis plusieurs générations de viticulteurs peuvent apporter de l'innovation à la question des liens étroits (freins/leviers et impacts écologiques des activités humaines) existants entre le travail de la vigne et son environnement. Il propose de constituer un nouveau groupe de recherche-action qui s'interrogerait sur la formation des eco-savoirs vignerons sur le long terme de la vigne, culture pérenne. En effet, et pour la première fois dans l'agriculture depuis les années soixante, il s'agit de supprimer une technique, ici le traitement chimique des plantes, sans que soit proposée une technique de remplacement. Pour les viticulteurs Alsaciens du groupe REPERE, la nécessité d'un curseur d'évaluation n'est pas discuté, mais l'indicateur proposé n'est pas significatif des pratiques réalisées et de celles en cours. En 2013, la nouvelle hypothèse travaillée par ce groupe établit les jalons d'une recherche-action-formation, selon

[23] Ce groupe de recherche transdisciplinaire, travaille depuis 2003 à la connaissance et la reconnaissance de la nécessité d'ouvrir la recherche disciplinaire en viticulture. Le projet de ce groupe, a été soutenu financièrement par le programme REPERE du ministère de l'ecologie 2012-2014 http://www.programme-repere.fr/wp-content/uploads/Fiche_3SCED.pdf

la démarche ascendante du savoir qui est la sienne depuis 10 ans, pour la co-construction d'un outil collectif d'évaluation et de validation qui permette de passer de l'indicateur IFT[24], outil de sanction individuel standard/simplifié car visant le court et moyen termes, vers un indicateur outil de validation et d'accompagnement du changement d'un collectif selon une temporalité à long terme multiforme/complexe de la vigne et du vin en lien étroit avec son territoire naturel. Il est suggéré, à partir de la mise en place des plans d'encépagement qui mobilisent à ce moment là les viticulteurs et leurs savoirs, de voir comment affiner cet indicateur, non pas à partir des seuls produits de traitements et du nombre de passages dans la vigne, mais en recentrant le focus sur les savoirs réfléchis des viticulteurs quel que soit leur mode de production : ce qu'ils ont appris par expérience directe, leurs observations, ce qu'ils ont appris avec leurs pères ou leurs grands-pères, pour en faire ensemble une synthèse critique et trouver des points de frictions et de rencontres (freins/leviers techniques, économiques, humains) pour les partager, les valider à partir de mise en expériences collectives, et envisager à plus long terme leur mise en œuvre à l'échelle de la région viticole.

Plusieurs approches sont discutées par le groupe : réaliser des entretiens collectifs et des entretiens individuels ; collecter des pratiques et des savoirs sur plusieurs générations ; rencontrer deux syndicats en avance sur la redéfinition de leur plan d'encépagement, et une cave coopérative ou se pose la question du passage de l'ensemble des coopérateurs en viticulture biologique.

---

[24] I.F.T. : Indicateur de Fréquence des Traitements, mesure quantitativement le nombre de traitements appliqués à une culture. Ici la vigne. Très rapidement, il s'est avéré obsolète notamment en Agriculture biologique, puisque celle-ci, généralement, effectue plus de passages pour ses traitements qu'en agriculture conventionnelle. Il a été alors créé le ''Nodu vert''. Il n'en reste pas moins que les viticulteurs "contestent" cet indicateur, qui n'est pas significatif du travail réel et des avances agri-environnementales déjà réalisées et des limites sanitaires de certaines de ces avancées et de leur pérennité, si seul ce critère est pris en compte.

Les différentes conversations exploratoires réalisées confirment clairement, que sur des sujets sensibles c'est à travers le média d'une action concrète que les savoirs peuvent émerger et se construire plutôt que par une enquête qui n'en retient que la dimension figée de la mémoire. C'est ainsi que de la rencontre avec des viticulteurs de Westhalten, déjà engagés dans des processus de changements, s'est constitué un groupe-recherche, sur le principe du groupe REPERE de Colmar, qui décida de se nommer "REPERE-Westhalten". Ce collectif-chercheur a généré, à partir du premier semestre 2013, une dynamique de co-construction d'un double projet de recherche-action-formation transdisciplinaire : un cavaillon sans herbicides et un indicateur ILSAVE (Indicateur Local de la SAnté de la Vigne et de son Environnement)[25].

2.3 – C.2 : Le vignoble de Westhalten : reconnaissance et partage de tous les savoirs

Transition énergétique, agricole, alimentaire, écologique : c'est à un usage pléthorique du mot transition auquel nous assistons depuis les années 70, brandi comme étant la preuve de la mise en œuvre d'une politique agri-environnementale.

Qu'en est-il réellement ?

Depuis les années 80, les institutions qui accompagnent la mise en place des agroécologies ont des positions diverses en regard des savoirs des agriculteurs. Les unes « nient les savoirs des agriculteurs qui sont déclarés caduques, inadaptés » (Tanguy 1986 : 162). Les autres s'appliquent « à faire connaître cet ensemble d'éléments (savoirs des agriculteurs, existence de communautés professionnelles et familiales) comme autant de conditions nécessaires à l'introduction réussie d'innovations techniques (*ibid* : 162). « Refoulant mémoire et savoirs au nom de la raison d'État » (Salmona 1994 : 16), que ce soit par

[25] Groupe REPERE, les Vignerons de Westhalten, Moneyron A., Masson J-E., 2015, L'innovation en agroécologie dans les vignes d'Alsace, Les vins d'Alsace n°4.

négation de leur existence et/ou par détournement de leur objet, il s'agit d'une non reconnaissance institutionnelle de la spécificité intrinsèque des savoirs du quotidien de l'agriculteur, de l'éleveur, du viticulteur.

Depuis quelques années, les recherches disciplinaires sur l'agroécologie (notamment en SHS) après les avoir délaissés, redécouvrent l'existence de savoirs paysans. « Dans le secteur agricole, certains agriculteurs ont ainsi réussi à réduire l'usage des intrants (engrais, produits phytosanitaires en particulier) et anticipé les injonctions politiques. Ils élaborent, au fil de leur carrière professionnelle, des modes de conduite des cultures [...]. Ils n'ont pas appliqué des modes de conduites préconstruits par l'encadrement. Il s'agit bien d'un processus qui s'opère au cœur de la dynamique des situations auxquelles ces professionnels ont à faire face » (Chantre/Le Bail/Cerf 2017 : 2). Ces recherches sont pour l'essentiel centrées sur les pratiques d'agriculteurs en *AB*. La reconnaissance de ces savoirs est faite par la négative, les considérant comme de simple creuset de solutions qui devront être validées par les scientifiques à la condition d'être modélisables car seule la part didactisable sera retenue et reconnue. La raison et les valeurs, parce que semblant parfois contradictoires (sachant comme nous l'avons vu que ce sont elles dont il faut accompagner la formation, et non le contenu intinsèque des savoirs) ne sont toujours pas considérées par ses recherches. Pour explorer ce *Autrement* le groupe-chercheur REPERE refuse d'aller vers l'idée d'une éducation bancaire des savoirs et des connaissances, il s'appuie sur la vocation ontologique propre à chacun, sa conscience critique pour devenir collectivement créateur de savoir et de connaissance validés autrement.

Savoir habiter et travailler avec les éléments, « prosaïquement et poétiquement » (Morin 1993 : 201) signifie que le travailleur de la terre pose l'aléa comme pivot de sa pensée au travail au fil des saisons, et non comme obstacle à sa préhension du milieu. Pour le viticulteur, comme dans les autres productions agricoles, « la production n'est jamais du seul ressort de l'intervention humaine, elle est d'abord le fait de processus naturels que l'on peut au mieux favoriser, aider » (Delbos/Jorion 1990 : 151).

Au delà de la norme académique du savoir, la vision descendante du savoir va jusqu'à inhiber l'action des agriculteurs qui n'osent plus faire comme avant ou *Autrement*, de peur d'être jugés comme étant arriérés ou dépassés, alors que « l'adaptation permanente et le changement font partie de la vie des paysans » (Mendras 1984 : 99). La seule « raison utilitaire » (Caillé 1989) appliquée à la perception et la compréhension des savoirs paysans, a tendance à les déposséder de dimensions fondamentales dans leurs pratiques avec le vivant végétal, animal, minéral, dont : le sensible, le sensoriel, l'observation. Ces dimensions étant pourtant le support d'une efficacité de la pensée de l'homme au travail au sens proposé par François Jullien (1996).

Depuis la publication de *Agir dans un monde incertain* (Callon/Lascoumes/Barthes 2001), c'est sur cette usage massif et généralisé de l'incertitude comme qualificatif du frein de notre monde actuel à agir dans le domaine environnemental que nous nous interrogeons. Quand la gestion politique des grandes questions sanitaires et environnementales a montré que l'expertise scientifique demeure la référence principale dans la prise de décision. Quand pour aborder ce « former *Autrement* vers l'agroécologie » qui s'est invité avant le plan ministériel dans la recherche-action REPERE, nous devons aussi poser la relation entre le savoir et le couple science/politique à propos de l'incertitude. Car l'incertitude traitée comme une vaste réalité compliquée et non pas considérée sous le prisme de sa complexité, devient polémique et s'avère être « une caution de l'inaction environnementale » (Mermet/Benhammou 2005) des politiques.

En regard de cette « représentation très répandue qui tend à faire de l'incertitude la source essentielle de la difficulté à se mettre d'accord et à agir sur les problèmes environnementaux (*ibid* : 121), certains persistent dans la voie de recherche de solution modélisable évacuant l'approche de la complexité agro-environnementale pour réduire la formation des savoirs à une « ingénierie des situations sûres » (Theureau 2011). Or nous montrons, dans les agricultures jouant avec les éléments, que si l'incertitude est abordée selon l'angle de l'aléa rapporté à des situations concrètes et complexes, les acteurs agissent (Moneyron 2013). En effet, les recherches-actions-formations transdisciplinaires auxquelles nous avons contribué, montrent que ce ne serait pas le fait d'un monde réel incertain qui bloquerait l'agir, mais l'arrivée encore et toujours de modèles descendants inadéquates pour celles et ceux qui vivent le quotidien dans le temps long de l'activité agricole. Face à la vaste problématique environnementale liée à la production viticole, la recherche-action-formation du syndicat viticole de Westhalten et des acteurs locaux de la recherche et de la société, montre que les viticulteurs dépassent largement la vision de leur supposé scepticisme vis-à-vis de l'urgence écologique comme étant le frein de leur action. En effet, le volet formation de la recherche-action leur a permis de dé-construire leurs peurs individuelles, de remettre celles-ci collectivement en chantier afin d'aborder ensemble la complexité de l'agir avec leur réalité écologique – l'aléa et non l'incertitude –, afin de produire de la connaissance vérifiée en agro-viti-écologie par le croisement de tous leurs savoirs et leurs valeurs. C'est alors que ce travail d'écoformation, par la mise en action collective dissidente du modèle de recherche, mobilisant des modes de pensées différents voire opposés, en reconfigurant et dépliant le *comment* de cette question du *Autrement*, dégage des retombées politiques. Ce ne sont, pas les viticulteurs qui ne souhaitent pas imaginer/éprouver/adopter des pratiques plus respectueuses, mais la politique de certaines institutions qui pour conserver leur rapport dominant à leur savoir/pouvoir s'obstinent à produire de l'universel, nient la réelle portée écologique de certaines pratiques agricoles, et se servent du spectre de l'incertitude pour argumenter de leurs supposées difficultés à initier et/ou mettre en œuvre le *Autrement* de l'agroécologie.

2.3 – C.3 : Co-construction de la méthode et épistémologie de la recherche-action-formation

Il faut changer !

Il faut changer Quoi ?

Il faut changer pour aller vers Quoi, et, Comment ?

Au départ de ce projet en viticulture septentrionale, nous postulons que les façons de faire peuvent changer, non pas en faisant table rase de l'existant, mais qu'au contraire ce sont ces manières de faire qu'il s'agit d'interroger, de critiquer et de re-co-construire dans un nouvel horizon pratique, économique, écologique et symbolique avec ceux qui font. Il nous est impossible, dans nos contributions à la recherche de faire fi de la pensée et de l'acte de celui qui fait, de penser *a priori* à sa place. « Peut-on accepter que la connaissance se fonde sur l'exclusion du connaissant, que la pensée se fonde sur l'exclusion du pensant, que le sujet soit exclu de la construction de l'objet ? » (Morin 1986 : 34).

Ainsi, le groupe peut formuler ses hypothèses pour une recherche-action-formation : – Pour aller dans le sens des nouvelles orientations agricoles plus naturelles les manières de faire sont au centre de la problématique du changement. – Dans les interfaces de relation homme au travail avec la vigne qui se modifient de plus en plus rapidement, des eco-savoirs doivent être formés collectivement, et être reconnus et validés.

Dans la posture de recherche-action-formation qui mobilise tous les savoirs et les pratiques telle que menée par le groupe de Westhalten, il ne s'agit pas de « renfort apporté par une discipline ou des praticiens à une autre. Il s'agit de briser les séparations disciplinaires parce que c'est la condition même de l'intelligibilité de l'objet. Toute discipline tend à faire prendre pour méthode de recherche ce qui est garde des frontières » (Rancière 2007 : 5).

Plutôt qu'à la seule participation à la connaissance scientifique en contribuant, selon une méthodologie pré-conçue, à une collecte massive de données pour la science par la contribution de citoyens (identification de rorqual : station de recherche des îles Mingan-MICS ; oiseaux : L.P.O. ; etc.[26]), où à une identification de savoir-pratique existants, REPERE-Westhalten met en place une méthode de type qualitatif qui mobilise la réflexivité et la contribution à part entière de chacun des acteurs et de chacun des savoirs dans ses singularités (Reibel 2013), tout au long du procès de recherche.

Lorsque l'on entreprend une recherche impliquant un collectif science & société pour la large problématique des modes de l'agir A*vec* la nature en viticulture, c'est par la voie de l'action que pragmatisme et interactionnisme symbolique apportent des éléments de réflexion et de réponse aux questions. Selon l'approche pragmatique, l'activité humaine relève de « trois dimensions qui ne sont pas séparables : biologique, psychologique et éthique [...] c'est une philosophie de l'action » (Coulon 1994 : 12). Selon Andrew Reck, cité par Coulon, « le pragmatisme est la philosophie sociale de la démocratie » (*ibid* : 12). Pour autant parler de pragmatisme n'est pas suffisant, car tourné vers des approches qualitatives soit disant trop originales qui explorent le monde réel, il se voit souvent affublé de l'attribut de non scientificité. Mais c'est avec « l'interactionnisme symbolique [...] qui trouve ses racines dans le pragmatisme de John Dewey » (*ibid* : 13) que nous pourrions définir plus précisément cette posture épistémologique, dont vont dépendre les méthodes construites et les postures mises en œuvre dans la méthode de R-A REPERE-Westhalten. Pour l'interactionnisme symbolique, « les significations sociales doivent être considérées comme produites par les activités interagissantes des acteurs » (*ibid* : 14). Cette prise en compte de l'acteur impose au chercheur qui veut comprendre et analyser les activités interagissantes des acteurs, entre eux et le monde, de construire des méthodes qui en autorisent l'émergence et l'exploration. D'autre part, « le chercheur ne peut avoir accès à ces phénomènes privés que sont ces productions sociales signifiantes des acteurs que s'il participe, également en tant qu'acteur, au monde qu'il se propose d'étudier » (*ibid* : 14). Les acteurs-auteurs non seulement sont capables de décrire de façon

[26] Micoud A. et *Alli*, 2010, *Sciences citoyennes*, Paris, L'aube-essais.

pertinente la situation, mais c'est cette conception produite de manière réflexive par les acteurs qui est selon nous et « en dernière analyse, l'objet essentiel de la recherche » (*ibid* : 14).

Le travail de réflexion *sur*, *avec* et *entre* chercheur et société, ces temporalités longues et ces divergences dans les valeurs et rapports humains vécus au cours d'une R-A, Edgar Morin le pose en ces termes : « Ce qui nous sauve c'est que, heureusement, nous avons une double, une triple vie ; nous ne sommes pas seulement des scientifiques, nous sommes aussi des personnes privées, nous sommes aussi des citoyens, nous sommes aussi des êtres de convictions métaphysique ou religieuse et alors nous pouvons, dans nos autres vies, avoir des impératifs moraux et c'est cela qui nous empêche de devenir soit des docteurs Mabuse, soit des docteurs Folamour » (Morin 1990 : 119).

Des recherches ont été réalisées sur la controverse en tant que modalité pédagogique : « Généralement, les controverses sont jugées négativement et évitées dans le système éducatif : elles aboutiraient à une dégradation des relations interpersonnelles et à des réactions de rejet à l'égard de la discussion d'idées ou du travail en groupe. Les résultats de la recherche présentée montrent au contraire que lorsque les instructions précises sont données sur la manière d'aborder la controverse, cette manière de travailler permet d'aboutir à une expérience plus enrichissante sur le plan humain et sur le plan des connaissances qu'une méthode de travail plus consensuelle » (Jacob 2002 : 132). Au cours des rencontres de travail REPERE, nous allons plus loin que ce que propose Stéphane Jacob. Il n'y a pas de consignes précises, celles-ci se cantonnent, de manière tacites, au seul respect de la parole et des personnes. Ainsi, les réunions sont à la fois des espaces de confrontations d'idées, de savoirs, mais également d'oppositions et de frottements qui permettent de dire et entendre les différents imaginaires individuels et collectifs existants aboutissant à un dissensus structuré source de construction de questions de recherche.

C'est ainsi que la méthode de travail s'est construite pas à pas, mot à mot, idée après idée. « L'imagination, loin d'être seulement facteur de désordre, ce qui est toujours une possibilité inhérente aux images devenues folles dans leur logis, vient aussi structurer le trajet anthropologique, qui prend naissance à l'ombre des infrastructures bio-neurologiques élémentaires, et s'achève dans la lumière, toujours contrastée, des activités réflexives de l'intellect » (Wunenburger 1993 : 69). Avec la diversité des points de vue et des attentes, plutôt que d'aller vers le consensus fragile, le fait de favoriser la controverse et l'imaginaire a permis de construire une relation aux autres comme extérieurs, séparés, différents mais existants sur un même chemin. En effet, validé le savoir de chacun demande de passer par sa socialisation (le fait de le dire/de le montrer/de le transmettre aux autres). À la condition de reconnaître que : *je peux me tromper, je peux commettre des erreurs, que mon interprétation du monde peut être erronée*, il est alors possible de partager et valider son savoir et de reconstruire avec l'autre de la connaissance. À travers l'exercice de la controverse et du dissensus, chacun reconnaît à l'autre et se reconnaît plus qu'il ne sait dire, et montre que dans la co-construction d'un projet de R-A : *ici, en écoutant, je sais plus que je sais dans ma tête.*

2.3 – C.4 : La parole partagée en amont de la recherche-action-formation

Au commencement de l'exploration et de la co-construction des questions de recherche à venir, le groupe pose le double principe que chaque individu est riche des expériences de sa vie qui, pour être reconnues comme temps et lieux de savoirs, demandent à être exprimées, elles demandent également à d'être écoutées pour une réflexivité personnelle de mise en sens. Car, il y a encore trop souvent du « mépris » (Honneth 2006) et de la condescendance derrière la volonté de récolter pour classifier, manipuler et décortiquer la parole de celui qui fait au profit de celui qui sait, au détriment de la parole de l'invisible et de l'indicible, pour découper cette expression sensible en savoir-faire et en bonnes pratiques diffusables à l'envie pour un prototype monochrome d'agroécologie.

Écouter et recevoir c'est se défendre et se détendre de la rigidité de l'objectif d'un idéal univoque, c'est permettre à la nature dynamique et changeante des eco-savoirs de se dire selon toutes les dimensions de l'instant spatio-temporel de leur création. Le moment construit, ou reconstruit, est non seulement la matrice accueillant une sédimentation du passé, mais aussi et surtout le cadre d'un futur et d'un développement possible. « Il ne faut pas chercher si une idée est juste ou vraie. Il faudrait chercher une toute autre idée, ailleurs, dans un autre domaine, telle qu'entre les deux quelque chose passe, qui n'est ni dans l'une ni dans l'autre. Or cette autre idée, on ne la trouve pas tout seul généralement, il faut un hasard, ou que quelqu'un vous la donne » (Deleuze/Parnet 1996 : 16). La description du moment devient, pour le narrateur, projection vers un horizon, et cette projection est d'autant plus ambitieuse que l'enracinement du moment sera plus solidement ancré dans ses diversités. Parce que chaque moment est unique et fugace, l'accompagnement, et non le recueil, des mots et de la parole de chacun, doit permettre de passer d'une approche socio-explicative pour l'autre lointain et inconnu à la auto-eco-réflexion pour soi-même et l'autre proche et reconnu.

La parole porte en elle la subjectivité contenue dans le récit de l'histoire expérientielle de sa propre formation et des choix de l'agir professionnel. Cette subjectivité, Pierre Sansot rappelait qu'elle était le mode d'accès aux réalités telles qu'elles se présentent dans la créativité de la connaissance quotidienne : « Les mots dont on les pare viennent en fait d'elles (les réalités) » (Sansot 2004 : 19). Il s'agit par une forme d'écoute attentive de la parole énoncée de faire en sorte que la subjectivité de chacun des acteurs soit reçue et acceptée comme constituante des situations réelles et du travail des thématiques de recherche. Aucune question ne sera posée *a priori*, aucune réponse formelle ne sera attendue. C'est comme ouverture permanente et subjective des horizons multiples qu'il faudra considérer les temps de réunions et de débats quand et où « le sujet vivant, aléatoire, insuffisant, vacillant, modeste, introduit sa propre finitude » (Morin 1986 : 22).

Au cours de l'histoire de vie en formation, ce sont les mots du sensible qui surgissent car l'expérience ne s'explique pas réellement au cours d'une interview, d'un entretien. « La plupart du temps, quand on me pose une question, même qui me touche, je m'aperçois que je n'ai strictement rien à dire. Les questions se fabriquent comme autre chose. Si on ne vous laisse pas fabriquer vos questions, avec des éléments venus de partout, de n'importe où, si on vous les "pose", vous n'avez pas grand-chose à dire. L'art de construire un problème, c'est très important : on invente un problème, une position de problème, avant de trouver une solution. Rien de tout cela ne se fait dans une interview, dans une conversation, dans une discussion » (Deleuze/Parnet 1996 : 7). C'est seulement à partir de ce temps où sont déposés les questionnements de chacun, que la recherche-action peut commencer à se mettre en chemin.

La langue est l'outil qui permet de communiquer aux autres. Mais pour communiquer *Avec* les Autres ayant vécu le même type d'expérience, il faut choisir la voie des relations avec la part intime de la pensée de chacun à l'œuvre. « La parole désigne la réalité humaine telle qu'elle se fait jour dans l'expression. Non plus fonction psychologique, ni réalité sociale, mais affirmation de la personne, d'ordre moral et métaphysique » (Gusdorf 1966 : 5). Dans une discussion, la tâche virile de prendre la parole, notamment dans la controverse et des situations de joutes verbales, rend l'affrontement obsolète quand les interlocuteurs passent de la matérialité de leur langue à la signification de la valeur personnelle de leur parole énoncée et reçue. Se parler et s'écouter, permet d'échanger et de respecter des niveaux de valeurs humaines, et de se réapproprier collectivement et individuellement la transformation de la pensée générée par l'échange des mots. Cela ne peut se produire que lorsque chacun sait que sa parole est écoutée par l'autre. La parole partagée devient un trait d'union immatériel entre les personnes.

En R-A, il est impératif et nécessaire de veiller en permanence, à ce que l'usage de la parole ne dérape vers un excès de messages et d'idées préfabriquées quand parfois le langage standardisé de l'expertise tente de reprendre le dessus, vidant les mots énoncés de leur sens et de leur substance concrète, les rendant inopportuns et inauthentiques. C'est l'expression de l'idée vécue et réfléchie qui permet, en la décortiquant et en la désenveloppant de la reconstituer et d'actualiser la pensée sous-jacente. Dans le collectif de recherche, tout le monde n'écrit pas, mais tous ont recours à la pensée orale en perpétuel mouvement à travers la variabilité des valeurs héritées et acquises. C'est la parole qui fait qu'un groupe *ad hoc, parce que rassemblé pour la circonstance et contre-nature, avec des personnes qui publiquement sont a priori opposées fonctionne et produit collectivement de la connaissance.* C'est la qualité de la parole incorporée, dite et partagée qui atteste de la distance prise par rapport à l'action. Par son expression, elle est le signe de la mouvance des horizons humains, culturels, personnels au long cours de la vie.

L'approche collective, voire coopérative de la parole, sous-tendue par la recherche-action-formation dépasse largement les apprentissages pour s'affirmer comme une anthropo-formation. Il ne s'agit pas d'atteindre une efficacité agroécologique déterminée, mais de se rendre disponible à ses propres observations, de partager ses intuitions et de les expliciter collectivement. Ces observations peuvent être dirigées, mais bien souvent, c'est au détour d'une activité qu'elles se développent. Cette parole, parce qu'elle prend sa source dans l'histoire de vie, « ne vise pas seulement la théorisation de pratiques empiriques mais l'articulation dialectique des deux pôles : pratique et théorique » (Pineau et al. 1993 : 18). C'est ce cheminement dialogique par ses avancées, ses régressions, ses doutes qui est à considérer dans sa complexité englobante. « Faire travailler des écarts, ce n'est pas pour autant clore en des mondes, mais bien l'inverse : *ouvrir* un espace réflexif –, c'est que l'écart, en même temps qu'il sépare, met en tension, je l'ai dit, met au travail ce qu'il a séparé ; et qu'il est, par là, exploratoire des deux côtés » (Jullien 2012 : 42).

Écartant l'idée de contribution à la loi écophyto et à un IFT standardisé se réduisant à la collecte monographique et ethnologique de leurs savoirs, participer à la R-A relevait de la santé de la vigne tout autant que de leur propre santé. Une simple contribution à une recherche sur écophyto les aurait menés ailleurs que là où ils sentaient intuitivement qu'ils devaient aller collectivement. Ce refus et cette résistance par l'intelligence de la complexité de la situation témoignent de leur forme de conscience éthique de la façon de traiter le *Autrement* de l'agroécologie. Ils marquent clairement leur volonté de s'émanciper d'une vision descendante et standardisée du savoir, pour construire une connaissance complexe argumentée de leur écoformation expérientielle collective. Car cet *Autrement* porte et portera, tout autant que leur réflexion, les traces de leurs corps au travail : « À l'heure où l'on s'alarme tant de l'épuisement des ressources naturelles, ne pourrait-on pas s'inquiéter tout autant de l'effacement – écrasement – de tant de ressources culturelles » (*ibid* : 38).

2.3 – C.5 : L'imaginaire s'invite : expérience individuelle et co-réflexivité sur les usages de la terre

« Les catastrophes naturelles révèlent l'écorché des sociétés » (Sergent 2011). Lors de la première réunion, viticulteurs et viticultrices sont invités à faire les récits d'expériences les plus significatives au cours de leur travail avec la vigne. Ce soir-là, à la mairie de Westhalten qui nous accueille, l'image de la terre fait irruption à plusieurs reprises dans les paroles. La question des éléments naturels imprévisibles et incontrôlables s'est invitée de façon inattendue dans les récits individuels, avec les orages violents, des glissements de terre depuis les parcelles en forte pente et la boue qui envahit le village. En effet, dans les années trente, avec les techniques du tout labour et l'introduction de la mécanisation, lors d'orages violents, des torrents de boue venant des vignes ont envahi le village, et ce jusqu'aux années 1960. Il y eu également des glissements de terrain en 1983. À cette époque, les élus de la commune et les habitants ont rejeté la viticulture, alors que celle-ci était la principale ressource économique ! Le conseil agricole et la recherche ont développé l'enherbement des vignes, à partir d'essais réalisés ex-situ. Ce n'est qu'après des dizaines d'années de travail, de tâtonnements et d'essais, que les vignerons ont reconstruit et développé des pratiques et des savoir-faire adaptés à leur environnement. Ils ont pu ainsi retenir la terre (en créant des bassins de rétention, des chemins) et surtout en mettant en place des enherbements adaptés à leurs vignes dans leur territoire, tout en produisant des raisins de qualité. Ils sont devenus experts dans cet agrosystème, avec un enherbement largement développé, à l'exception du cavaillon, encore entretenu avec des herbicides. C'est pourquoi, dans la construction du projet de recherche-action-formation transdisciplinaire, la "terre" a fait l'objet de discussions et de vifs débats intergénérationnels pour se révéler être un acteur essentiel, support de l'imagination matérielle et symbolique dans l'expérience personnelle de l'instant, selon la philosophie de Gaston Bachelard (Bachelard, 1947, 1992a). À l'écoute collective sensible et attentive des récits individuels et de l'histoire environnementale commune, une relation inversée homme/nature avec les éléments a pris du sens par et pour eux. Abandonner les herbicides fut le choix prioritaire du groupe dans son projet agroécologique. Pour autant, *Enherber plus et ma vigne va souffrir, mais je veux abandonner les herbicides, la terre va alors à nouveau dévaler les pentes*. La problématique reformulée était donc verrouillée par une « double-contrainte » (Bateson 1977).

2.3 – C.6 : L'écoformation : passages vers une viticulture agroécologique à l'échelle d'un territoire.

Cette irruption de la terre dans les récits rappelle ce que disaient les cultivateurs de Mirecourt à propos de la mémoire intergénérationnelle et de la mémoire écologique. Comment se rappeler d'événements que l'on n'a pas vécu, que l'on ne vivra peut-être pas et qui sont cruciaux pour aller vers le *Autrement* de la formation à l'agroécologie ? Ce qui est difficile, c'est de travailler ce qui se déroule dans cet entre-deux de la double-contrainte, le non visible des transformations silencieuses. Nous sommes sur des échelles spatio-temporelles qui ne sont pas celles de la viticulture conventionnelle. Ici, avec les récits de la terre, c'est la reconnaissance de leur écoformation. Cette écoformation qui fait remonter au grand jour l'inattendu et la pertinence de certains seuils, de certains passages. Ce qui se passe collectivement sur un coin de terre, se vit intensément dans la solitude du travail avec le végétal et la terre. Ce qui crée l'émotion, c'est aussi l'humour qui ressurgit toujours dans le travail et les passages de difficultés, il n'y a pas que la souffrance. L'humour est aussi une manière d'échapper aux représentations sociales négatives du métier. C'est aussi une façon de reconnaître ses erreurs et de les partager. Dans un monde reposant sur l'aléa, la mise en forme insiste sur la notion de processus plus que sur les connaissances produites elle-mêmes. En effet, si ces dernières structurent, elles ne sont pas le pilier de l'acte de l'agir. Ce qui fait agir c'est le processus, pas les connaissances établies.

Commencée avec 25 vignerons du syndicat viticole de Westhalten engagés dans la R-A REPERE-Westhalten, à partir des réunions de travail menées en 2013 et 2014, en salle et dans les vignes, la recherche-action-formation est co-construite (Moneyron et al. 2017). Le premier volet va s'intéresser à la co-production de connaissances et de savoirs sur l'ecosystème de la vigne en Alsace, à partir de l'entretien du cavaillon sans herbicide. Ces vignerons cultivent 200 hectares des 300 hectares du ban de Westhalten. Ils se sont engagés, dans un premier temps, à abandonner l'usage des herbicides sur 40 hectares en faisant appel à deux types de pratiques déjà expérimentées individuellement à petite échelle par des vignerons du syndicat : enherbement du cavaillon et travail du sol. Chacun est impliqué dans la logique des avancées générales auxquelles il et elle participe. Puisque l'idée était d'aller vers une action collective à propos du cavaillon sans herbicide, il s'agissait de ne pas trancher entre un choix ou un autre, mais de les mettre en discussion et en essai. « En outre, agir, c'est toujours agir « avec » d'autres : *l'interaction* peut pendre la forme de la coopération de la compétition ou de la lutte. Les contingences, de l'interaction rejoignent alors celle des circonstances, par leur caractère d'aide ou d'adversité. Enfin, l'issue de l'action peut être un changement de fortune, vers le bonheur ou l'infortune » (Ricoeur 1983 : 110).

Ce projet co-construit montre rapidement que supprimer l'usage des herbicides dans la vigne demande aux viticulteurs de dépasser le seul changement technique et nécessite que soient accompagnés les nouveaux rapports à l'écosystème viticole : homme-santé de la vigne-environnement. Ici, pour le passage du collectif à l'échelle d'un territoire vers une viticulture agro-écologique, l'innovation ne vient pas du remplacement d'un modèle standard par un autre, fut-il celui de *l'AB*, mais bien d'une transformation collective des savoirs vignerons existants et de leurs représentations actuelles et à venir de la santé de la vigne et de ses environnements.

Pour le groupe en recherche, l'idée de l'élaboration d'un ILSAVE pour évaluer cette première étape de leur projet de recherche marque le manque d'indicateur adéquat. Cet indicateur sera celui de *leurs* repères et *leurs* critères d'évaluation des nouvelles pratiques co-élaborées. Les participants ne parlent pas uniquement de maladies et de produits de traitements, mais aussi de la santé de la vigne en tant que végétal, de ses niveaux de tolérance agroécologiques et des contraintes sociétales incontournables. Par la reconnaissance collective de la parole individuelle des valeurs et le partage critique de son contenu, les personnes abandonnent leur dépendance aux seuls savoirs légitimés par la science. Et cela est un continuum de pensée et de faire. Car même si il y a eu des ruptures importantes dans les façons de faire, notamment à cause de l'aspiration massive des agriculteurs par l'industrialisation et les écoles d'agriculture, des transformations lentes se sont toujours réalisées *a contrario.*

Le volet formation souhaité par le groupe car ressenti comme temps nécessaire de réflexivité commune, assure la projection vers un espace-temps du possible où se construit la capacité itérative à décider et à agir. Un agir en formation, n'est pas celui d’un agir inconditionnel, un agir qui en oublierait l’apport nécessaire du laisser-être, du laisser-advenir : de la lenteur, des rythmes et du silence de chacun au cours du travail dans et avec sa vigne. Contribuer à une recherche-action-formation est dérangeant, cela signifie marcher non seulement sans s’écarter de l’obstacle, mais en l’affrontant, en s’en servant comme pivot. Pour des vignerons (en activité et/ou retraité), reconnaître savoirs et valeurs de chacun, les siens comme ceux des autres, est une étape difficile, paradoxalement un moment de fragilité car à travers leurs savoirs c'est leur personnalité et leurs valeurs qui sont mises à nu. Avant que des savoirs de différentes natures émergent les viticulteurs ont ancré dans l’esprit, le modèle dominant de transmission du savoir de l'hétéroformation. Pour imaginer et partager ce que signifiait pour eux la proposition selon laquelle tous leurs savoirs sont des passerelles multiples vers l'agroécologie, une discussion se met en place à partir de leur éco-bio-graphie individuelle et collective. Le groupe met en perspective les raisonnements qui ont opéré en chacun d'eux, liés aux étapes de construction d’un savoir issu des apprentissages par leurs expériences directes et réfléchies. Au cours d'une co-éco-formation (en salle et dans les vignes), ils comprennent comment le savoir enseignable (hétéroformé), le savoir construit en relation avec la nature (écoformé), ainsi que le savoir formé par soi-même (autoformé) pouvaient être articulés et reliés, et permettre de dépasser le seul raisonnement linéaire et binaire de contrôle de la "Nature". Leur choix personnel et agronomique d’étape du chemin agroécologique – abandon des herbicides sous le cavaillon –, devient l'acceptation de se confronter et de confronter leur changement avec leur vigne à la double contrainte de la complexité du réel.

Avec la terre ”vécue” des vignerons et de chaque habitant du village, c’est aussi la question des temporalités arythmiques qui devient primordiale dans la formation. Le temps long en est l’élément clé qui fait circuler leurs eco-savoirs d’une dimension personnelle à un agir collectif où le sensible est reconnu comme élément constitutif du savoir. Mais ce temps long doit garder son historicité, notamment par le récit intergénérationnel. « Un temps long peut être un temps sans présent, donc aussi sans passé ni futur : mais alors il n'est plus un temps historique, et la longue durée reconduit seulement le temps humain au temps de la nature » (*ibid* : 394). La prise en compte des temporalités longues dans la construction d'un *Autrement* commun renvoie à la nécessité de développer une mémoire individuelle et singulière, mais qui ne peut se passer d'une mémoire collective et intergénérationnelle.

Au cours du déroulement de la méthode posée et partagée, ce qui était facteur d'immobilisme et de tensions entre tous les acteurs s'est transformé en impulsion cognitive, en un nouveau référentiel épistémique spécifique des formes d'inférences partagées, ouvrant un paradigme différent, certes transitoire, mais permettant le dépassement des contraintes. Les orages ont charrié bien plus que de la terre. Dans le village c'est la rencontre entre le sol qui était considérée comme du domaine individuel de la production viticole et la sphère personnelle et collective du rapport à la Terre : entre l'eau et la terre, avec l'introduction des temporalités écologiques, c'est le passage de l'horizontalité à la verticalité, une verticalité qui va ici bien au delà de ce que rapportait Henri Lefevbre de la réalité paysanne.

« Lefevbre commence par remarquer que la réalité paysanne se présente d'abord avec une complexité horizontale : il s'agit d'un groupe humain en possession de techniques et d'une productivité agricole définie, en rapport avec ces techniques elles-mêmes, avec la structure sociale qu'elles déterminent et qui revient sur elles pour les conditionner. Ce groupe humain, dont les caractères dépendent largement des grands ensembles nationaux et mondiaux […] présente une multiplicité d'aspects qui doivent être décrits et fixés. Mais Lefebvre se hâte d'ajouter que cette complexité horizontale se double d'une complexité verticale ou historique ; dans le monde rural, en effet, la coexistence de formations d'âge et de date différents. Les deux complexités réagissent l'une sur l'autre » (Hess 1988 : 183).

Chap 2.4
Eco-savoir et Écoformation au *Autrement* en agriculture

« La main aussi a ses rêves,
elle a ses hypothèses.
Elle aide à connaître la matière dans son intimité.
Elle aide donc à rêver. »
Gaston Bachelard

2.4.1 : L'écoformation dans le contexte des politiques agroécologiques pour l'agriculture

De la seconde guerre mondiale, jusqu'aux crises sanitaires des années 1990, en passant par les années 60 avec la mise en place de la P.A.C.[27], l'agriculture est aux prises avec le dictat, relayé ou initié par les politiques publiques, de l'économie et de l'industrie. Insidieusement, par la force du développement agricole avec une diffusion descendante normée de la connaissance scientifique, de l'ingénierie et de procès standardisés, les dimensions individuelles, sociales et eco-logiques des savoirs existants sont totalement bouleversées et balayées. De ces postures, les relations sensibles et directes homme/nature de l'agir quotidien en situation d'incertitude sont exclues. L'enseignement est basé sur ce principe éducatif où la seule approche possible consiste alors à enseigner des connaissances construites selon une logique d'anthropisation et de maîtrise totale de la nature. En 2008, avec le *Grenelle de l'Environnement* sont définis des plans d'actions dans les domaines de l'urbanisme, du transport, de la santé. Le programme pour l'agriculture se décline en 10 axes majeurs, normatifs et quantifiables, dont l'agriculture biologique

[27] Politique Agricole Commune, mise en place à l'échelle européenne à partir de 1962, visant à développer l'agriculture par sa modernisation et sa mécanisation.

deviendrait le modèle. Puis, le 18 décembre 2012, Stéphane le Foll, Ministre de l'agriculture, de l'agroalimentaire et de la forêt, lance le Projet agro-écologique pour la France. Une nouvelle politique agricole est engagée qui se décline en trois axes : connaître et capitaliser, diffuser et former, inciter individuellement et collectivement. Il s'agit d'aborder ces questions de l'écologie et de l'agriculture, non pas en les segmentant ou en les séparant, mais en les inscrivant dans des logiques de système ». L'ambition est de « développer le potentiel et la diversité de notre agriculture et de combiner compétitivité économique et préservation de l'environnement ». Ces impératifs agroécologiques aboutiront-ils au simple remplacement d'une technique avec des produits de traitements labelisés ''bio'' ou soutiendront-ils la métamorphose d'un autre rapport au réel qui soit viable et vivable ?

La Société, si tant est qu'il existe une société uniforme, par sa vision et sa critique très souvent binaire de l'agriculture, clive bons et mauvais usagers de la nature. Elle entretient une dualité, devenant souvent fossé, entre les courants de la protection et de l'éducation à l'environnement et celui de l'agriculture divisée pour et par la société entre mode industriel et mode agrobiologique. C'est dramatique, irréaliste, car la réalité est plus complexe qu'il n'y paraît.

Nous avons tenté de présenter ici la place et les apports potentiels de l'écoformation pour cheminer vers une autre agriculture, non normative et standardisée. En effet quand l'agroécologie passe d'un statut d'agriculture marginale et subversive à celui de mot d'ordre, pour nous, intervenants-chercheurs en formation agricole, l'approche de l'écoformation nous semble plus que jamais nécessaire. Mais sa mise en œuvre demeure une question épineuse, notamment dans le paradoxe des contraintes temporelles, entre changement attendu et changement nécessaire.

En agriculture, dans les formations initiales et continues, les enseignements dispensés sont conçus selon un rapport scientifique au savoir. Celui-ci diffuse l'idée que le savoir existe uniquement par son universalité : « qu'il existe des règles générales que l'on peut faire servir à des situations particulières» (Delbos 1983), en complément d'un «discours technologique [...] qui s'en tient à l'énoncé de la réduction possible de l'univers à un machinisme prévisible » (*ibid*). Dans une recherche-action-formation, le postulat d'une relation inversée du rapport au savoir ne consiste pas à aller chercher les savoirs de terrain pour les faire entrer dans le moule/modèle de l'enseignement et de la science. C'est expliciter ces savoirs pour modifier ces modèles, voire passer au-delà de l'idée même de construire un modèle. Travailler ensemble à reconstruire de la connaissance vérifiée et validée, ce n'est pas prendre le savoir pour le rendre scientifique et faire en sorte que ce qu'y n'y entre pas soit simplement classé hors-norme. C'est interroger les savoirs par d'autres approches, croiser les approches et les expliciter pour les enrichir des différentes formes raisons/pensées selon un autre rapport au monde réel. Pourtant l'enseignement agricole avance timidement dans ce sens, par à-coup. Des temps scolaires sont aménagés pour favoriser cette démarche. Des pédagogies s'initient à partir d'études de cas concrets, favorisant le terrain, et donc une approche où le corps devient explorateur. Là aussi, malgré la volonté de certains enseignants d'accorder de la place à une approche qui ne soit pas uniquement basée sur l'intellect, le rapport au savoir demeure descendant. Malgré une volonté affichée, très loin de ces pratiques pédagogiques sporadiques (plus souvent existantes), les référentiels officiels ne prennent pas en considération la possibilité d'un alternance inversée où la formation du savoir se ferait prioritairement en situations réelles selon une logique trans-disciplinaire : l'enseignement reste majoritairement cloisonné, disciplinaire, descendant. Tous ces verrous semblent pourtant de plus en plus ridicules et stériles face aux tiraillements vécus par nombre de praticiens en agricultures. Les acteurs de l'aménagement des territoires vivent une sorte de schizophrénie. Ils sont tiraillés entre leurs formations initiales et leurs repères scientifiques voire scientistes, et leurs ressentis, qui les amènent vers une approche plus globale, laissant une place au sensible, au sensoriel, à leur intuition.

Alors que les discours prônent une relation plus respectueuse avec l'environnement, la volonté d'action reste souvent théorique. En formation, la part du sensible, de l'intuitif reste part congrue. Il est très difficile de monter des projets d'accompagnement avec cette terminologie, il faut biaiser, ruser pour obtenir des subsides. Car l'écoformation et les eco-savoirs sont souvent considérés comme impossible à être raisonnablement inclus comme socle de la prise de décision professionnelle. De par la remise en question conceptuelle et méthodologique que les savoirs du *Autrement* de la production en agroécologie demandent, leur intégration dans l'enseignement agricole reste en questionnement. Tant que la société ne résoudra pas la schizophrénie, qui la divise entre pratiques purement techniciennes et demande d'un changement de rapport à l'environnement, l'écoformation aura du mal à se faire une place effective dans l'enseignement agricole. Cela suppose en outre que les acteurs acceptent de modifier les schèmes psychologiques fondateurs de leurs modes de raisonnement.

2.4.2 : Eco-savoir : L'Invisible et l'Écriture

La recherche-action-formation-transdisciplinaire est une mise en dynamique permanente de tous les savoirs. « Quand vous demandez aux apprentis chercheurs sur quoi ils désirent travailler, au lieu de choisir ce qu'ils ne connaissent pas, ce dont personne ne parle et qu'ils pourraient avoir envie de découvrir pour apporter du nouveau, ils se précipitent sur ce dont ils ont entendu parler : c'est-à-dire ce qui suscite déjà une abondante recherche » (Corbin 2000 : 177)

Dans un contexte en changement ce n'est pas à une crise de la connaissance que l'on est confronté. Le terme de crise suppose que l'état du comme avant pourrait revenir, se re-présenter. Or, cet état d'avant, cet état normal est impossible à retrouver, à recomposer. Tout a bougé. Il est nécessaire, voire urgent de construire autrement la connaissance dans un monde qui est structurellement et fondamentalement complexe, mais dont la complexité a toujours été évacuée pour la production de savoirs formels. Traiter de la complexité devient une urgence et cette urgence ne peut se traiter avec les outils disciplinaires d'avant le temps de la supposée crise. Il s'agit de considérer une auto-eco-co-formation de la connaissance en agroécologie, incluant "le tiers-nature", incluant les temporalités longues et rythmiques des avancées eco-logiques de l'imaginaire en considérant une possible transdisciplinarité. Il ne s'agit plus d'accumuler du savoir, mais d'œuvrer à mettre au jour la pertinence d'un eco-savoir dans l'acte et la transdisciplinarité.

Dans la recherche-action-formation nous portons une attention particulière à l'écriture collective de ce qui s'est co-construit. Elle se prépare, contenu et contenant, au cours d'ateliers d'écriture généralement très animés. Pour cela, nous pensons qu'elle fait partie intrinsèque de la recherche et de la formation. Il s'agit de laisser la personne s'y engager à son rythme, et d'y engager son rythme. Le sens viendra après. La volonté est nuisible à la pensée et au savoir des choses. Avec le collectif de R-A, il s'agit « d'envisager l'écriture, non comme un support standardisé de visées scientifiques, mais bien comme un moyen de décloisonner les savoirs, car c'est en elle toujours que se réinventent les formes de leurs expressions. En d'autres termes, il n'y a pas de pensée interdisciplinaire sans souci d'élaboration formelle qui lui correspond, sans une réflexion approfondie sur le lien entre la diversité des formes discursives mobilisables et la préservation d'un objectif scientifique de rigueur épistémologique et méthodologique » (Miers 2006 : 4). Parce qu'elle « témoigne d'une réflexion » (Guérin 1995 : 50), l'écriture collective est encore un temps de l'observation, « elle ne garde pas la forme, elle la renvoie » (*ibid* : 50). Si comme élément de la méthode elle se veut collective, c'est que « toute expression tend à obtenir la *reconnaissance* d'autrui... Parler, écrire, exprimer, c'est faire œuvre » (Gusdorf 1966 : 54-68). Pas des œuvres « qui demandent à être repensées et revécues dans une direction structurale donnée, mais bien devant des œuvres " ouvertes", que l'interprète accomplit au moment même où il en assume la médiation » (Eco 1965 : 17). Si « être libre c'est donner une forme » (Gusdorf 1966 : 56), et si « tous les hommes n'écrivent pas, tous recourent à la vertu de l'expression dans la parole ou dans l'action, pour dominer les menaces intimes, faire échec à la tentation paresseuse du souci ou de la souffrance » (*ibid* : 68) : le geste vital est là, la reconnaissance dans l'écriture collective qui prendra plusieurs formes, dont celle des canons scientifiques en 2017 ! Pour les viticulteurs, il n'en demeurera pas moins que c'est leur vigne qui portera cette reconnaissance dans les temporalités longues de sa santé avec l'environnement.

2.4.3 : Travail et Image rêvée : la formation de l'invisible créateur de l'ordinaire

Dans la solitude « le paysage conspire avec l'idée ; il contribue à la réverbération d'une vérité qui fait corps avec l'être humain dans l'unité du sens retrouvé » (Gusdorf 1991 : chap4). Avec Gaston Bachelard, une épistémologie des sciences ne peut parler de vérité sans laisser la parole à l'imaginaire. Faire vivre l'imaginaire, ce n'est pas l'expliquer, mais le déplier pour le déployer.

Pour qualifier l'eco-savoir de l'ordinaire du travail *Avec* la nature, pour situer les fonctions de l'imaginaire dans sa formation, aborder les notions telles que acte et action pour donner sens au geste juste est nécessaire car, si l'on « décide une action, c'est à l'acte que l'on a affaire», et « l'acte c'est l'action plus quelque chose » (Mendel 1998 : 49). Le travail en agriculture est l'espace-temps où volonté et imagination cohabitent dans l'action (la réflexion) et dans l'acte (l'agir). Où il s'agit d'alterner les rythmes et les saisies, d'être dans une relation au monde selon une certaine fluidité et une rythmicité ecoformée. Lors des échanges à propos du mouvement du troupeau, du soin aux vaches laitières, de la culture des céréales, des travaux de la vigne, pour trouver leurs mots, les bergers-éleveurs-cultivateurs-viticulteurs se déplacent, se mettent en mouvement (même si ce sont des micro-mouvements parfois à peine perceptibles). Car « là où la pensée abstraite avance par raisonnement verbal et sans guère de participation apparente du corps, la pensée concrète parait procéder principalement *par images* et avec une forte participation corporelle » (*ibid* : 323). Et, « si on observe un artisan en train de réfléchir à la manière dont il va intervenir, on remarque que, pour l'essentiel de sa réflexion, *il pense en situation d'acte*. Il apparaît nécessaire à ce praticien de se déplacer *corporellement*, physiquement face au problème » (*ibid* : 321). La répétition du quotidien permet le développement de l'acte dans le geste juste et à propos, dépassant la seule « pensée du savoir-faire et de l'expérience » (*ibid* : 320) en ouvrant à « la pensée inventive » (*ibid* : 320). En formation, la difficulté dans le changement de rapport au monde c'est qu'il ne s'agit plus d'un temps d'accumulation de connaissances standardisées mais d'accompagner l'accès à un niveau de complexité dans les apprentissages selon un temps vertical de jaillissement, d'ouverture vers des possibles car « engager un acte, c'est toujours, et la plupart du temps sans le savoir, "jouer avec le feu" [...] une étincelle peut embraser la plaine » (*ibid* : 384). Dans le travail avec le réel, ce sont les forces de l'imagination de la matière qui sont sollicitées et mises en œuvre. La matière imaginée, vivante ou inerte, va faire l'objet de l'accomplissement du geste de la main, nue ou outillée. L'observation imaginante écoformée ouvre l'accès à la verticalité, à l'engagement dans l'acte et dépasse le simple champ du regard *sur* l'autre-chose, pour se transformer en une observation gestuelle *avec* l'autre-nature.

« S'abandonner à la rêverie : n'est-ce pas là le moyen le plus habituel pour ralentir le cours du temps, pour vivre entre deux eaux, celle de la vigilance et de l'inconscience ? » (Sansot 1998 : 63). La rêverie de l'Homme au travail *Avec* la nature repose sur l'image telle que nous la propose Gaston Bachelard. Image non prise dans le sens de vision mais comme force créatrice. Et lorsque la formation vise le *Autrement* du passage du travail agricole *contre* la nature au travail agroécologique *avec* la nature, elle le fait en proposant d'ouvrir la reconnaissance de l'Image rêvée comme espace-temps d'émergence d'un autre savoir, alors, « une simple image, si elle est nouvelle, ouvre un monde [...] un détail de l'image change les temporalités de l'imagination » (Bachelard 1993 : 76).

« Comment regardons-nous ? Pas seulement avec les yeux, pas seulement avec notre regard. *Voir* rime avec *savoir*, ce qui nous suggère que l'œil sauvage n'existe pas, et que nous embrassons aussi les images avec des mots, avec des procédures de connaissance, avec des catégories de pensée » (Didi-Huberman 1990 : 4ème).

Lorsque l'on travaille avec un troupeau, avec une vigne, avec des cultures, avec des prairies et des montagnes, « comment dire, et comment se dire à soi-même ce que l'on voit ou devine ? » (Arasse 2000).

La part invisible du travail en agriculture, est un flux et reflux permanent entre l'acte et la pensée en acte et sur l'acte. L'invisible créateur fait éclater les frontières de l'éducation formelle. Dans sa transparence sommeillent les passages entre l'auto et l'écoformation. Cette part invisible caractérise la façon de penser et d'agir le travail *Avec* la nature. Prise en considération au cours d'une recherche, elle oblige à penser de manière critique le regard que nous posons sur ce qui se présente à nous. Elle oblige à ne pas laisser nos propres expériences et certitudes re-présenter le paysage réel du travail.

Il faut le laisser être dit par ceux qui le façonnent de leurs gestes et traces quotidiens car, cet invisible du paysage ne se donne pas à voir en l'état par le regard. Pour devenir un espace-temps eco-formateur, il doit passer par les mots et les regards de celles et ceux qui le réalisent et s'y réalisent et qui par leur réflexion, en re-présentent la logique des empreintes.

Vers une anthropo-formation experientielle pour l'agroécologie

Trans-former le *Autrement* : vers une anthropo-formation émancipatrice

« On dira qu'avant la réflexion,
il faut une fréquentation naïve du monde »
(Merleau-Ponty 1964 : 77)

La première fois le train longeait le vignoble alsacien. C'était en 2003. En regardant défiler ce paysage, ces rangs de vignes sans distinction de propriété pour mon œil étranger, je me demandais : comment peut-on imposer de nouvelles pratiques agricoles et agro-environnmentales, sans imaginer de les penser collectivement avec celles et ceux qui marchent quotidiennement, pas à pas, sur ces pentes ?

Quelques années plus tard, lors de la recherche-action-formation à Westhalten les espaces et les temps des colline, du village et de la Terre se sont invités dans les paroles et les gestes des viticultrices et viticulteurs qui les habitent, les vivent, les travaillent, déjà, pour une ré-invention de la présence sociale et écologique de leur agir quotidien et à long-terme *Avec* leur écoumène.

« L'écoumène – l'ensemble des milieux humains – ce n'est pas seulement un système écologique (la biosphère), c'est un système eco-techno-symbolique et c'est dans ces termes, autrement plus complexes, que nous devons concevoir notre rapport à la nature » (Berque 2010).

Cette motivation spatiale et paysagère élargie la préhension de la seule parcelle et du pied de vigne. Elle ouvre un passage vers une autre relation de travail *Avec* la nature, décloisonne le privé et participe à une modification d'une conscience collective pluriel et hétérogène du groupe-recherche REPERE-Westhalten. La suppression des désherbants au pied de la vigne n'est plus une situation-problème, elle devient un défi complexe pour la manière de penser, de réfléchir, de dire et de partager une autre forme d'habiter : c'est la co-présence profonde homme-nature qui est interrogée.

Cette question du paysage s'est imposée dans la recherche-action-formation Berger et dans celle Vigneron ; beaucoup moins, voire pas du tout, dans la recherche-action Cultivateur-Eleveur, ce qui ne signifie pas qu'elle n'existe pas.

La colline viticole et la transhumance en tant que paysages, sont à la fois *topos* et *chora*, pourrions-nous reprendre selon le propos doublement impliqué d'Augustin Berque. Pour le travailleur, dans son quotidien de la météo et son imaginaire des éléments, ces pentes sont eco-formatrices par le mouvement incessant et inséparable des alternances de rythmes auto-écoformateurs qui circulent entre le *topos* : lieu visible du pas qui trace de minces corridors de terre nue, et la *chora* : lieu invisible de l'existence de celui qui crée. Faire et laisser se faire et se défaire quotidiennement *topos* et *chora*, quand le laisser se faire dépend du faire qui dépend du rapport au laisser se faire.

Bien sûr qu'elles existent les limites à la « théorie de Gaïa » publiée par Lovelock dans les années 70 (Lovelock 2010). Et si, parce qu'elle serait métaphore, cette hypothèse est sujette à controverse, son prolongement heuristique sollicite rencontre et décloisonnement de différentes disciplines et méthodes de la recherche, tout comme elle décentre la place de l'homme dans la formation de ses savoirs et de sa connaissance *Avec* la nature. Selon un rapport complexe de relation avec des contraintes et des limites, au delà de toutes les controverses qu'elle suscite, ne permet-elle pas, dans le cadre de recherches en agroécologie, de dépasser certaines frontières de pensées et de modèles, obstacles à nos modes d'habiter et de travailler la terre ? « La crise écologique n'est pas simplement une crise environnementale : c'est aussi une crise sociale qui révèle des fissures dans les fondements mêmes de la société capitaliste-industrielle » (Beck 2001). Le terme de crise, nous l'avons vu, peut être sujet à discussion sur le long terme de l'évolution écologique. Néanmoins gardons ce terme pour interroger la situation de la formation du *Autrement* en agriculture, le passage d'une logique de développement de la technicité extrême à celui de la prudence.

L'Agroécologie, est actuellement considérée comme une nouvelle *Transition écologique et solidaire*, puisque le ministère de l'agriculture semble s'en désintéresser, ce qui n'est pas sans poser d'énormes questionnements aux agriculteurs qui sont sommés de changer leurs pratiques. Pour y parvenir, des dérives idéologiques extrémistes et manipulatoires continuent d'être la voie royale la plus largement empruntée, celles de l'infantilisation ou du bouc émissaire se rejoignant, via l'assujettissement intellectuel descendant, qui entrave la transformation en cours d'une autre pensée de la complexité des rapports à la terre, à la nature, aux éléments vécues par certains agriculteurs. Cette pensée en acte de celui qui fait au quotidien en tenant compte des temporalités longues de la nature vivante, aujourd'hui, à nouveau, est réalisée à contre-temps de celle du ministère dont dépendent l'agriculture, la forêt et la pêche.

À partir de sinistres cocktails de pensées hachées, trop de modèles explicatifs sont fagotés et construits dans les chambres noires de la propagande d'un progrès lié aux lobbying culturels et industriels. De décennies en décennies, ces modèles explicatifs d'une nouvelle agriculture se déguisent sous des tutoriels de bonnes pratiques et de bons gestes pour la planète, tandis que la voie eco-logique de l'agir profond est reportée aux calendes grecques. Traçant une frontière artificielle mais très étanche par l'exclusion des temporalités et du rythme eco-biologique, cœur de la réflexion, par leur obstination forcenée à mettre en morceaux et en miettes des possibles du *Autrement* de l'agroécologie : vers quelle vision et quelle réalité du monde nous mènent-ils et nous font-ils croire ?

Ces trois recherches-actions-formations[28] montrent que les enseignements des modèles agroécologiques explicatifs sont de fait obsolètes de par leur arrachement à la complexité d'une

[28] De la troisième recherche-action-formation, encore en cours et qui articule de manière plus spécifique le croisement des savoirs et des connaissances viticoles pour co-construire des problématiques de recherches, nous avons volontairement laissé de côté d'autres questionnements qu'il serait intéressant de présenter : dont ceux du déplacement de point de vue à partir des eco-savoirs acquis par les chercheurs au cours de cette écoformation vécues à travers les temporalités longues de cette recherche-action-formation.

nature en mouvement permanent. Nous avons exploré des situations où il s'agissait non pas d'éduquer à, mais de favoriser un espace-temps de perplexité apte à laisser se former des eco-savoirs *avec* l'expérience directe des éléments à la fois en changements permanents sur le court terme, mais portés et activés selon la mémoire intergénérationnelle et écologique du long terme. Les modes et les stratégies d'appropriation de cette complexité, chemins que d'aucun qualifieront de logique floue parce que non compréhensible pour eux, s'avèrent être une véritable méthode pour être efficace dans une réalité mouvante. Il ne s'agit pas alors de chercher à découper cet eco-savoir en bonnes ou mauvaises pratiques, mais d'intégrer son empirisme englobant et imaginant comme élément stratégique de recherche permanente des équilibres eco-logiques en formation.

Évitant l'approche objective pour une approche réflexive phénoménologique, entre science de la nature et philosophie, l'écoformation du *Autrement* vers l'agroécologie porte la réflexion vers les possibles d'une anthropoformation.

Mais faut-il au préalable s'entendre sur ce que nous pouvons considérer comme relevant de l'anthropos. L'anthropologie, selon Philippe Descolla, porte le projet « de comprendre l'unité de l'homme à travers la diversité des moyens qu'il se donne pour objectiver un monde dont il n'est pas dissociable ». Tim Ingold propose l'anthropologie comme une « exploration des conditions et des possibilités de la vie humaine dans le monde » (Descolla/Ingold 2014 : 7). Deux chercheurs, deux lectures différentes : celle d'une visée d'unicité via le détour par l'étrangeté ; l'autre, celle du retour à visée dynamique de reliance. Pour l'un, l'anthropologie semble être arrêtée sur image, l'expérience du lointain où la vie doit être la plus différente possible de celle connue et vécue afin de composer l'Homme et lui octroyer des états d'humanité. Pour l'autre, « l'anthropologie a été une manière de retrouver le chemin du retour à la maison » (Ingold 2013 : 7). Ce dernier porte une recherche réflexive des passages quand il propose les lignes, les routes et les dédales parcourus comme autant de traces d'anthropoformation.

Avec l'écoformation nous tendons vers cette posture de recherche en regard de l'anthropos : celui qui est en train de se former, se déformer, se transformer par son retour *Avec* le monde réel. Si la stabilité existe dans le micro-instant, le kaïros de l'intuition et de la mise en acte, si c'est cet instant qui fait basculer l'être tout entier, l'être en monde, lui, se nourrit du mouvement long et lent de la vie. La lenteur et l'instant constituent les rythmicités et arythmicités que nous pouvons considérer comme essence même de l'anthropoformation.

Avant la mise en œuvre de recherche-action-formation, notamment celle réalisée avec les viticulteurs de Westhalten, il nous semblait que penser la formation comme espace de « production de savoir » (Chartier/Lerbet 1993) était alors pertinente, notamment parce que notre cursus de formation universitaire, en reprise d'étude à un âge adulte avancé, reposait sur cette posture. Or, à partir de ce moment, nous ne pouvons plus parler de ce mode d'approche du savoir dans la recherche-action car, souvent malgré lui, parce que situé sur le volet de l'éducation, il garde le clivage entre les savoirs pratiques et théoriques, oubliant parfois le *Autrement* de leurs temporalités et de leurs espaces comme structures élémentales de la mise en forme de l'être. La Formation nous traverse sans même que nous le souhaitions ou n'en ayons conscience : la formation est un fait de l'être humain, elle relève de son mouvement permanent de la vie vers la mort. Se mettre en recherche-action-formation est une condition bienveillante à la découverte, par certains des acteurs, de leur propre formation tout au long de leur vie. Pour autant, ce que cette recherche avec le groupe des viticulteurs, homme et femme, a particulièrement révélé, c'est la part heuristique de la dimension collective dans la recherche en formation. Même si cela s'est fait à leur insu, comme à la mienne aussi, je les en remercie pour leur confiance éclairée à laisser se faire les événements, dans un esprit critique porteur de sens.

Par ces recherches-actions-formations nous assistons, plus que nous incitons, à la réévaluation collective de la présence et des caractères du *Autrement*, de la « rationalité de l'ombre pour mettre en évidence la richesse de ses intuitions, les promesses heuristiques de sa logique » (Wunenburger 1990 : 15).

Questionner le *Autrement* de l'agroécologie demeure encore aujourd'hui une urgence pratique et réflexive. En formation il s'agit de l'aborder en co-construction des connaissances et des savoirs et par la reconnaissance des rythmes qui lui sont spécifiques, à contre-temps des injonctions programmatiques. Roland Barthes, à propos de l'écriture du haïku, parle de l'importance de l'« *idiorythme* », celui propre à chaque individu contre le pouvoir, contre le modèle. À cela nous devons ajouter, que les agriculteurs-agricultrices rencontrés, étaient avant leur changement de mode de production, considérés comme performants et pointus dans le système intensif du toujours plus. Mais un jour, un événement, latent ou surgissant, fait qu'ils se sentent à contre-temps avec leur être en monde, leurs rythmes sont en inadéquation profonde avec les ressentis sensibles de leur activité vécue. Idiorythmie à contre-courant du temps *chronos* uniforme du social et du conforme ? Pour eux, cela devint intenable. Apprendre à trouver et à caler ses rythmes auto-écoformés n'est pas forcément tâche facile en agroécologie, mais en formation nous ne pouvons et nous ne devons pas passer au-delà sans nous y arrêter le temps qu'il faut, le temps nécessaire. Henri Michaux rappelle son importance : « dans une époque d'agités, garde ton "andante". En toi-même redis-toi toujours : "davantage, davantage d'andante", tâchant de t'amener où il faut que tu arrives. Sinon, précipité, tout devient superficiel » (Michaux 1981 : 45). *Idiorythme* et *andante*, que seule l'écoformation peut permettre d'atteindre, tracent le rythme du geste du faire et du laisser se faire en agroécologie. Rythmes qui ne peuvent se conformer à la structure précipitée du *chronos* ou y entreraient de force en se déformant.

Dans la problématique du *Autrement* de l'agroécologie, depuis trente ans, ce qui nous intéresse en tant que chercheur en sciences de l'éducation et de la Formation, ce ne sont pas les états stables d'un avant et d'un après, mais les passages : comment se met-on en acte ? Comment se forme l'eco-savoir ? Nos travaux ne portaient pas uniquement sur l'identification des savoirs agroécologiques, mais aussi sur la question de leur formation et trans-formation. Il s'agissait de considérer, dans la même temporalité de recherche l'identification et les passages possibles de ces eco-savoirs pour une reconnaissance émancipatrice de leur forme spécifique par des agricultrices et agriculteurs qui résistent aux modèles imposés, acceptent leur fragilité en acceptant et écoutant leurs intuitions *eco*-logiques.

Il s'agit de comprendre le *Autrement* des manières de saisie du monde et d'en rendre compte par le ressenti et l'imaginaire dépassant par là le rationalisme discursif. « Je ne saurais définir l'expérience (n'importe quelle expérience) autrement qu'en disant qu'elle est un dépouillement complet et instantané de l'être tout entier Vous ne pourrez rien expérimenter si vous ne savez pas vous dénuder, si vous ne vous débarrassez pas de toutes les formes par lesquelles vous êtes passé précédemment, si vous ne faites pas de vous une présence » (Eliade 1993 : 60).

L'anthropo-formation se dévoile au cœur de la dynamique des processus de mise en forme invalidant les positionnements externalisés environnementalistes de protection et de conservation de la nature. Tim Ingold, propose de reprendre le courant du mouvement phénoménologique pour mettre en avant l'expérience en émergence : s'immerger dans le mouvement d'ouverture de la vie pour apprendre. C'est de l'intérieur qu'elle ouvre une voie pour repenser la formation du *Autrement* vers l'Agroécologie par la complexité de l'expérience directe des modes d'habiter et de cultiver la Terre.

En recherche-action-formation, il ne s'agit plus d'atteindre des objectifs finalisés de changement, mais d'ouvrir à des stratégies complexes de trans-formation. C'est par cet écart critique des modes de saisie du réel que la formation vers un *Autrement* pourra être humanisante et émancipatoire.

L'approche phénoménologique réfute l'existence d'objets en soi, Elle ne cherche pas à les expliciter, mais à les présenter, les rendre visibles. S'intéresser aux manières par lesquelles les sens se constituent laisse apparaître le monde selon les multiples significations et horizons d'action des formes constituantes de l'expérience : « cette action que l'on fait sur soi-même et où on est donc indivisiblement actif et passif » (Merleau-Ponty-1996 : 371). Selon cette posture d'être-au-monde, l'expérience est tout autant reçue qu'élaborée ; le corps n'étant pas alors considéré comme simple instrument technique. Néanmoins, cette double mémoire incorporée n'est pas une chose close, elle nécessite de percevoir l'événement qui surgit et de s'y engager : c'est un engagement de tout l'être perceptif ouvert au monde, qui, dans l'instant, reconnaît selon différents niveaux de réalité les composants d'une situation similaire rencontrée. La formation d'eco-savoir repose ainsi sur le mouvement d'un engagement conscient invitant sensibilité et imaginaire dans un rapport de fragilité au monde. Par l'approche phénoménologique de l'anthopo-formation, il s'agit pour l'homme travaillant avec le vivant, d'aborder la nature et les éléments, non comme des étant-là, neutres et à disposition, mais comme des émergences imaginantes à construire selon une altérité de mouvements rythmiques des cycles de la vie et de leurs équilibres toujours en devenirs. Les chemins que nous avons empruntés, loin des modèles et des pensées toutes faites, se déploient ici à partir de la trans-formation des adultes en activité dans les métiers de l'agriculture. Plus que jamais en agricultures, la formation se trouve au cœur de la complexité des problématiques alimentaires et environnementales. Tant de réflexions nous viennent encore alors que nous terminons notre écriture à partir de ces expériences. À travers ces trois recherches-actions-formations, nous avons choisi de rapporter ici la trans-formation du rapport Homme-nature pour éviter d'entraîner la réflexion du lecteur dans des dédales trop labyrinthiques, voire nous y perdre nous-même. Le choix de rester centrée sur la problématique de la *Formation du Autrement* vers l'agroécologie, vise à redonner un statut autre que celui de gadget dans lequel la recherche en agronomie l'a confinée. Replacée dans sa complexité anthropologique, l'écoformation pourrait devenir un levier efficace à un projet de transition écologique et solidaire …

Mais, le temps de cette saison n'est toujours pas arrivé.

Le temps de capricieux devient maussade, convenons-en.

BIBLIOGRAPHIE

Les dates sont celles des éditions travaillées

Alhadeff-Jones M., 2014, « Rythmes et paradigme de la complexité : Perspectives moriniennes », *Rhuthmos* http://rhuthmos.eu/spip.php?article1203

Arasse D., 2000, *On n'y voit rien – Descriptions*, Paris, Gallimard/Folio.

Ardoino J., 1994, Praxéologie, dans le Dictionnaire encyclopédique de l'Éducation et de la Formation, Paris, Nathan : 776.

Aubenas F. et **Benasayag** M., 2002, *Résister, c'est créer*, Paris, La Découverte.

Augé M., 2013, *Les Nouvelles Peurs*, Paris, Payot.

Bachelard G., 1947, *La terre et les rêveries de la volonté*, Paris, José Corti.

Bachelard G., 1948, *La terre et les rêveries du repos, Paris, José Corti.*

Bachelard G., 1966, *La philosophie du non*, Paris, PUF.

Bachelard G., 1970, *Études*, Paris, Vrin.

Bachelard G., 1992a, *L'intuition de l'instant*, Paris, Biblio-essais.

Bachelard G., 1992b, *La poétique de l'espace*, Paris, PUF.

Bachelard G., 1988, Fragments d'une poétique du Feu, Paris, PUF.

Balandier G., 1993, *Le dédale, pour en finir avec le 20ème siècle*, Paris, Fayard.

Barbier R., 1996, *La recherche-action*, Paris, Anthropos.

Barthes R., 1984, *Le bruissement de la langue*, Paris, Seuil.

Bateson G., 1977, *Vers une écologie de l'esprit* – t2, Paris Seuil/Points-essais.

Beck U., 2001, *La Société du risque : Sur la voie d'une autre modernité*, Paris, Aubier.

Bellon S., **Gautronneau** Y., **Riba** G., **Savini** I., **Sylvander** B., 2000, Livre blanc : L'agriculture biologique et l'INRA, vers un programme de recherche. Ce livre blanc pointait déjà la necessité de donner plus de moyens à la recherche pour la connaissance en *AB*.

Bellon S., 2016, Contributions croisées de l'agriculture biologique à la transition agroécologique, dans Innovations Agronomiques 51 : 121-128.

Berque A., 1996, *Être humain sur la terre*, Paris, Gallimard/le débat.

Berque A., 2000, *Écoumène. Introduction à l'étude de s milieux habités*, Paris, Belin.

Berque A., 2010, Des fondements ontologiques de la crise, et de l'être qui pourrait la dépasser », *VertigO - la revue électronique en sciences de l'environnement*, Volume 10 n°1, http://vertigo.revues.org/9384

Bertrand G., 2000, Préface, pour Rossi G., 2000, *L'ingérence écologique – Environnement et développement rural du Nord au Sud*, Paris, CNRS Éditions.

Bertrand Y., 1993, *Théories contemporaines de l'éducation*, Lyon, Chroniques Sociales.

Bolle de Bal M., 2003, Reliance, Déliance, Liance : émergence de trois notions sociologiques : 99-131, dans Société n°80 –2003/2, revue ParisV/Sorbonne.

Bonneil J., 1983, Éléments pour une approche sociologique des savoirs vignerons en Beaujolais, dans *Savoir et contraintes à travers un siècle de viticulture Beaujolaise*, Bulletin du Centre Pierre Léon – 1983-2&3, Lyon, sur http://bcpl.ish-lyon.cnrs.fr/1983_N_2-3/02ELEMENTS.PDF

Bonnefoy Y., 1992 [1980], *L'improbable et autres essais*, Paris, Gallimard-Folio/essais.

Bouillet A. (ss la dir.), 2001, *À la recherche d'une éducation esthésique*, Les cahiers du Cerfee – n°17, Université Paul Valéry – Montpellier3.

Bouillet A., 2001, Le sens de l'observation, dans Revue du CERFEE n°17, Université Paul Valéry/Montpellier3 : 131-156.

Caillé A., 1989, *Critique de la raison utilitaire*, Paris, La Découverte.

Callicott J.B., 2009, *Genèse. La bible et l'écologie*, Marseille, Wildproject-Domaine sauvage.

Callon M., **Lascoumes** P., **Barthes** Y., 2001, Agir dans un monde incertain. Essai sur la démocratie technique, Paris, Seuil.

Canguilhem G., 1967, Conférence à l'école normale supérieure.

Canguilhem G., 1992, *La connaissance de la vie*, Paris, Vrin.

César C., 2003, « Les métamorphoses des idéologues de l'agriculture biologique » La voix de La Vie Claire (1946-1981), Ecologie & politique, 2003/1 n°27, p193-206, http://www.cairn.info/revue-ecologie-et-politique-2003-1-page-193/htm

Chantre E., **Le Bail** M., **Cerf** M., 2017 (à paraître), L'analyse des conditions d'apprentissage des agriculteurs en situation de travail pour changer de façon de produire.

Charlot B., 1997, *Du rapport au savoir*, Paris : Anthropos.

Chartier D., **Lerbet** G. (coord.), 1993, *La formation par production de savoir*, Paris, L'Harmattan.

Chaxel S., **Fiorelli** C., **Moity-Maïzi** P., 2014, « Les récits de vie : outils pour la compréhension et catalyseurs pour l'action », *Revue ¿ Interrogations ?*, 17, http://revue-interrogations.org

Comte H., 1997, *Outils du monde*, Paris, La Martinière.

Corbin A., 2000, *Historien du sensible. Entretiens avec Gilles Hervé*, Paris, La Découverte.

Coulon A., 1994, *L'école de Chicago*, Paris, PUF/Que sais-je ?

Delbos G., 1983, Savoir du sel, sel du savoir, Terrain, 1 : 11-22.

Delbos G., **Jorion** P., 1990, *La transmission des savoirs*, Paris, M.S.H.

Deleuze G., 1987, Conférence donnée dans le cadre des mardis de la fondation Femis – http://www.webdeleuze.com

Deleuze G., **Parnet** C., 1996, *Dialogues*, Paris, Champs essais.

Denoyel N., 1990, *Le biais du gars : travail manuel et culture de l'artisan*, Paris, Editions UNMFREO.

Denoyel N., 1998, Le biais du gars, la métis des grecs et la raison expérientielle. Contribution à l'étude de la culture artisane et de l’ec(h)oformation. Thèse de doctorat en Sciences de l’éducation, Université François Rabelais, Tours.

Denoyel N., 2012, « Alternance dialogique et épistémologie de la continuité expérientielle », *Revue Éducation Permanente n°193* : 105-118.

de Certeau M., 1994, *L’invention du quotidien. t1*, Arts de faire, Paris, Folio-essais.

de Certeau M./**Griard** L./**Mayol** P., 1994, *L’invention au quotidien : habiter, cuisiner*, Paris, Folio-essais.

De Schutter O., 2011, “Agroécologie et le droit à l'alimentation”, Rapport présenté à la 16ème session du Conseil des droits de l'homme de l'ONU [A/HRC/16/49], http://www.srfood.org/fr/agroecologie

Descolla P., **Ingold** T., 2014, *Être au monde. Quelle expérience commune* ?, Lyon, P.U.L./Grands débats.

Detienne M., **Vernant** J-P., 1974, *Les ruses de l’intelligence-La métis des grecs*, Paris, Flammarion.

Dewey J., 1947, *Expérience et Education*, Paris, Bourrelier.

Dewey J., 2011, *La formation des valeurs*, Paris, Les empêcheurs de penser en rond.

Dewey J., 2012, *Expérience et Nature*, Paris, Gallimard.

Didi-Huberman G., 1990, *Devant l’image*, Paris, Minuit.

Dionne H., 1998, *Le développement par la recherche-action*, Paris, L’Harmattan.

Dominicé P., 1996, *L’histoire de vie comme processus de formation*, Paris, L’Harmattan.

Dominicé P., 2000, « Les apprentissages informels font partie de la formation », Revue de la FSEA, *Éducation Permanente :* 6-8.

Dorst J., 1970, *La Nature dé-naturée*, Paris Seuil-Point.

Eco U., 1965, *L’œuvre ouverte*, Paris, Le LdP-Biblio.

Eliade M., 1993, *Océanographie*, Paris, Le LdP-Biblio.

Espinassou L., 1997, *Pistes – Pour la découverte de la nature et de l’environnement*, Toulouse, Milan.

Espinassou L., 2010, *Besoin de nature*, Saint-Claude-de-Diray, Hesse.

Fabre M., 2005, Les jeux mimétiques de la forme et du sens ! dans Maulini O. et Montandon C. (dir.), *Les Formes de l'éducation : variété et variation*, Bruxelles, de Boeck Université : 207-222.

Freire P., 1980, *La pédagogie des opprimés*, Paris, Maspéro/la Découverte.

Glissant E., 2009, *La philosophie de la relation*, Paris, Gallimard.

Granger GG., 1998, *L'irrationnel*, Paris, Odile Jacob-philosophie.

Grateloup C., **Fumey** G., 2014, Monde Global, histoire globale, atlas global : 3-13 dans *L'Atlas gobal*, ss dir. de Grateloup C. et Fumey G., Paris, Les Arènes.

Guérin M-A., **Verteuille** P-Y., 1960, *Histoire de la pédagogie par les textes*, Montréal, Éditions du Centre de psychologie de Montréal.

Guerin M., 1995, *Philosophie du geste*, Paris, Actes Sud.

Groupe REPERE, les **vignerons de Westhalten**, **Moneyron** A., **Masson** J-A., 2015, L'innovation en agroécologie dans les vignes d'Alsace, Les vins d'Alsace n°4.

Gusdorf G., 1966, *La parole*, Paris : PUF.

Gusdorf G., 1991, *Auto-bio-graphie*, Paris, Odile Jacob.

Hall E-T., 1979, *Au-delà de la culture*, Paris, Seuil/Point.

Hall E.T., 1984, *La danse de la vie : temps culturels et temps vécus*, Paris, Seuil/Point.

Harrison R., 1992, *Forêts. Essai sur l'imaginaire occidental*, Paris, Flammarion.

Hess R., 1988, *Henri Lefebvre et l'aventure du siècle*, Paris, Métailié.

Honneth A., 2006, *La société du mépris. Vers une nouvelle Théorie critique*, Paris, La Découverte.

Honoré B., 1990, *Sens de la formation – Sens de l'Être*, Paris, L'Harmattan.

Ingold T., 2013, *Une brève histoire des lignes*, Bruxelles, Z/S.

Ingold T., 2013, *Marcher avec les dragons*, Bruxelles, Zones Sensibles (Z/S).

Jacob S., 2002, *La curiosité, Éthologie et psychologie*, Paris, Ed. Mardaga.

Jankélévitch V., 1980. *Le Je-ne-sais-quoi et le Presque-rien, t. I*, Paris, Seuil/Point.

Jégouzo G ., 1975, Rapport de synthèse. In : Économie rurale. N°105, 1975. Population et travail agricole : 51-53.

Jousse M., 1974, *L'anthropologie du geste*, Paris, Gallimard.

Jullien F., 1996, *Traité de l'efficacité*, Paris, LdP./Biblio-essais.

Jullien F., 2001, *du « temps » – éléments d'une philosophie du vivre*, Paris, Grasset.

Jullien F., 2009, *Les transformations silencieuses*, Paris, le LdP./Biblio-essais.

Jullien F., 2012, *L'écart et l'entre. Leçon inaugural de la Chaire sur l'altérité*, Paris, Galilée.

Kolb D.A., 1994, *Experiential learning : experience as source of learning and development*, New-jersey, Prentice Hall.

Knowles M., 1990, *L'apprenant adulte*, Paris, Les éditions d'Organisation.

L'Aminot T., 1992, Introduction, à *Émile ou de l'éducation*, Paris, Classiques Garnier/Bordas : 1-XXVII.

Lahmar R. et coll., 2001, Programme mobilisateur Sols - Propositions, FPH. (http://www.fph.ch/)

Laplantine F., 1996, *La description ethnographique*, Paris, Nathan.

Laplantine F., 2003, *De tout petits liens*, Paris, Mille et une Nuits.

Latour B., 1999, *Politiques de la nature. Comment faire entrer les sciences en démocratie*, Paris, La Découverte.

Lecourt D., 1996, « La décadence d'un concept moderne », Le Monde du 31 août 1996.

Legroux J., 1989, Système personnel de production de savoirs, dans Histoire de vie T2, Paris, L'Harmattan.

Legendre P., 1996, *La fabrique de l'homme occidental*, Paris, éd.Arte/Mille et une Nuits.

Le Grand J-L., 1989, « La bonne distance épistémique n'existe pas », dans *Apprendre par l'expérience* n°100-101, Éducation Permanente, Paris : 109-122.

Leopold A., 2000 (1949), *Almanach d'un comté des sables*, Paris, Flammarion GF ; 2014, *Pour la santé de la Terre*, Paris, José Corti.

Lerbet G., 1992, *L'école du dedans*, Paris, Hachette.

Levinas E., 1994, *Le temps et l'autre*, Paris, P.U.F.

Lovelock J., 2010, *La terre est un être vivant. l'hypothèse Gaïa*, Paris, Flammarion.

Lupasco S., 1935, *Du devenir logique et de l'affectivité*, Paris, Vrin.

Maffesoli M., 1996, *Éloge de la raison sensible*, Paris : Grasset.

Malaurie J., 1999, *L'allée des baleines*, Paris, Mille et une Nuits.

Mendel G., 1998, *L'acte est une aventure*, Paris, La Découverte.

Mendras H., 1984, *La fin des paysans*, Paris, Actes Sud.

Mendras H., 1995, *Les sociétés paysannes*, Paris, Folio-Histoire.

Merleau-Ponty M., 1960, *Signes*, Paris, Gallimard.

Merleau-Ponty M., 1964, *L'Oeil et l'Esprit*, Paris, Folio-Gallimard.

Merleau-Ponty M., 1964, *Le Visible et l'Invisible*, Paris, Gallimard.

Merleau-Ponty M., 1996, Notes de cours au Collège de France 1958-1959 et 1960-1961, Paris, Gallimard.

Mermet L., **Benhammou** F., 2005, Prolonger l'inaction environnementale : la fabrication stratégique de l'incertitude sur les ours du Béarn, dans la Revue Écologie et Politique, n°31/2005 : 121-136.

Michaux H., 1981, *Poteaux d'angles*, Paris, Gallimard.

Michelet J., 1982, *L'Oiseau*, Lyon, Jacques-Marie Laffont.

Michon P., 1984, *Vies minuscules*, Paris, Gallimard.

Micoud A. et Alli, 2010, *Sciences citoyennes*, Paris, L'aube-essais.

Miers D., **Merrone** G., **Parchet** R., 2006, Écriture et récit en sciences sociales, A contrario 2006/1 (vol.4) : 3-5.

Moneyron A., 1997, « Reconnaissance et transmission culturelle des eco-savoirs. Essai d'identification d'une compétence clé chez les bergers transhumants des Pyrénées », *Revue Éducation Permanente*, 133 : 91-100.

Moneyron A., 1998, « Eco-savoirs et alternance écologique : trans-formation par une expérience quotidienne », in Actes des 1ères rencontres de Chaingy, *L'alternance : une pédagogie de la rencontre*, Paris : MFREO : 334-353 ; Gaston Pineau, 1989. « La formation expérientielle en auto-, éco- et co-formation », *Revue Éducation Permanente*, 100/101 : 23-30.

Moneyron A., 2003, *Transhumance et Eco-savoir*, Paris, L'Harmattan.

Moneyron A., 2003, Temps agricoles, une autre culture du temps, dans Revue ERE/UQAM vol4 : 241-251.

Moneyron A., 2004, Identification et formalisation des savoirs et des pratiques liés à un changement de mode de production sur l'U.E. de Mirecourt, Rapport de recherche sur la formation-action réalisée en 2002/2003 pour INRA.

Moneyron A., 2012, *Temps de vie et Transhumance*, Paris, l'Harmattan.

Moneyron A., 2013, Pratiques et savoirs d'agriculteurs en AB et de bergers/éleveurs face à l'aléa et au risque : l'apport des concepts d'écosavoir et d'écoformation pour expliciter les formes du savoir-agir dans un monde incertain, art.p167-186, *dans* Agir en situation d'incertitude. Regards pluridisciplinaires au Nord et au Sud, Actes du colloque 2010 INRA/CIRAD, Peter Lang /EcoPolis n°17.

Moneyron, 2017, LMC, Westhalten group, J. F. Lallemand, C. Schmitt, M. Perrin, I. Soustre-Gacougnolle, J. E. Masson, Linking the knowledge and reasoning of dissenting actors fosters a bottom-up design of agroecological viticulture. Agron. Sustain. Dev. 37-41 (2017). doi.org/10.1007/s13593-017-0449-3).

Morin E., 1974, *Introduction à la pensée complexe*, Paris, E.S.F.éditeur.

Morin E., 1977- 2004, La Méthode T1à T6, Paris, Seuil/Points.

Morin E., 1980, *La méthode t2. La Vie de la Vie*, Paris, Seuil/Points.

Morin E., 1986, *La Méthode t3. La connaissance de la connaissance*, Paris, Seuil-Point essais.

Morin E., 1990, *Science avec conscience*, Paris, Seuil-Point/Sciences.

Morin E., 1991, *La Méthode t4. Les idées –Leur habitat, leur vie, leurs mœurs, leur organisation*, Paris, Seuil/Point.

Morin E., 1993, Philosophie de l'incertain, dans Le Magazine Littéraire – dossier : La fin des certitudes-n°312.

Morin E., **Kern** A-B. 1993, *Terre-Patrie*, Paris, Seuil.

Morin E., 2000, *Les sept savoirs nécessaires à l'éducation du futur*, Paris : Seuil.

Morin E., 2004, *La méthode t6 - L'éthique*, Paris, Seuil.

Morin E., 2015, *L'aventure de La Méthode*, Paris, Seuil.

Nadeau J-G., 1989, Un modèle praxéologique de formation, dans *Apprendre par l'expérience*, Paris, N°100/101 Revue Éducation Permanente : 97-107.

Nicolas I., 2008, Produire, Transformer, Consommer Autrement pour une agriculture durable : Enquête sur les modes de production, de transformation et de consommation alternatifs en France, Paris, CFSI-Campagne ALIMENTERRE.

Nicolescu B., 1996, *La transdisciplinarité*, Monaco, Éditions du Rocher.

Ninio J., 1989, *L'empreinte des sens*, Paris, Seuil-Point.

Pacific C., 2011, *Consensus/Dissensus. Principe du conflit nécessaire*, Paris, L'Harmattan.

Passeron J-C., 2000, « La peur de l'impensable dans les sciences sociales », Revue européenne des sciences sociales, XXXVIII-119, http//ress.revue.org/666

Patocka J., 1995, Papiers phénoménologiques, Grenoble : Million, cité dans Renaud Barbaras, 2011, *L'ouverture du monde,* Chatou : Éditions de la transparence.

Pervanchon F., **Blouet** A., 2002, Lexique des qualificatifs en agriculture, Courrier de l'environnement INRA, n°45 : 117-136, http://www7.inra.fr/lecourrier/assets/C45Blouet.pdf

Piette A., 2009, L'action en mode mineur : une compétence impensée, dans Breviglieri, Lafaye,Trom (eds), Compétences critiques et sens de la justice, paris, Economica : 251-260.

Pineau G., 1980, *Les combats aux frontières des organisations*, Montréal, Ed. Sciences et culture.

Pineau G., 1983, *Marie Michèle -Produire sa vie : autoformation et autobiographie*, Montréal, Editions Saint-Martin.

Pineau G., **Courtois** B. (ss dir.), 1991, *La formation expérientielle des adultes*, Paris, La Documentation Française.

Pineau G., **Le Grand** J-L ., 1993, Histoire de vie, Paris, PUF, Que sais-je ? : 100.

Pineau G., 1994, Formation : 437-441, dans Dictionnaire encyclopédique de l'éducation et de la formation, Paris, Nathan.

Pineau G., 1996, Les histoires de vie comme art formateur de l'existence, dans la Revue Pratiques de formation-Paris8-n°31 : 65-78.

Pineau G., 1998, Histoire de vie, dans Dictionnaire encyclopédique de l'éducation et de la formation/2e édition : 520-522.

Pineau G., 2005, « Edgar Morin, Itinéraires et œuvres d'un chercheur transdisciplinaire », Communication de clôture au Congrès mondial sur la Transdisciplinarité, Victoria-Brésil – 6-12 septembre.

Pineau G., **Bachelart** D., **Cottereau** D., **Moneyron** A. (coord), 2005, *Habiter la Terre, Écoformation terrestre pour une conscience planétaire*, Paris, L'Harmattan.

Pineau G., 2009, Savoir et rapport au savoir, dans Jean-Pierre Boutinet : L'ABC de la VAE, ERES « Éducation – Formation : 210-211.

Pineau G., 2006, Les histoires de vie en formation (Productions courtes – articles, préfaces, chapitres de 1996 à 2006), Document de recherche n°17-UFR Arts et Sciences humaines-Université François Rabelais deTours.

Pollien A., **Meier** D., 2003, De l'originalité dans les sciences sociales, *A contrario* 2003/2 (Vol. 1) : 3-5.

Potier D., 2014, Pesticides et agro-écologie : les champs du possible, http://agriculture.gouv.fr/ministere/pesticides-et-agro-ecologie-les-champs-du-possible

Resweber J-P., 1995, *La recherche-action*, Paris, PUF que sais-je ?

Ribier V., **Griffon** M., 2006, Quelles politiques agricoles pour accompagner la transition vers une agriculture prenant en compte l'écologie scientifique ? dans *DEMETER 2006* sous la coordination de Alain Capillon.

Ricoeur P., 1983, *Temps et Récit – t1-L'intrigue et le récit historique*, Paris, Seuil / Points.

Rolland L. 1984, L'histoire de la vulgarisation agricole en France avant 1966. In: Économie rurale. N°159 : 11-16.

https://www.persee.fr/doc/ecoru_0013-0559_1984_num_159_1_3018

Rosanvallon P., 2014, *Le parlement des Invisibles - Raconter la vie*, Éditions du Seuil.

Rossi G., 2000, *L'ingérence écologique – Environnement et développement rural du Nord au Sud*, Paris, CNRS Éditions.

Rouaud C., 2003, Paysan et Rebelle, un portrait de Bernard Lambert, DV Cam distribution ISKRA- http://www.film-documentaire.fr/4DACTION/w_fiche_film/11444_1.

Rousseau J-J., 1992, *Émile ou de l'éducation*, Paris, Classiques Garnier/Bordas,.

Salmona M., 1994, *Souffrances et résistances des paysans français*, Paris, L'Harmattan.

Sansot P., 1986, *Les formes sensibles de la vie sociale*, Paris, PUF.

Sansot P., 1998, *du bon usage de la lenteur*, Paris, Payot.

Sansot P., 2004, *Poétique de la ville*, Paris, Payot & Rivages.

Schön D.A., 1994, *Le praticien réflexif*, Montréal, Editions Logiques.

Sergent F., 2011, Entraide, Éditorial du quotidien Libération du 14/03/2011, http://www.liberation.fr/monde/01092325429-entraide

Serres M., 1992, *Le contrat naturel*, Paris, Champs-Flammarion.

Starobinski J., 1999, *Action et réaction. Vie et aventures d'un couple*, Paris, Seuil.

Starobinski J., 2001, L'imagination projective, dans *La relation critique*, Paris, Gallimard/Tel n°314 : 275-292.

Taguieff P-A., 2001, *Résister au bougisme*, Paris, Mille et une Nuits/essai.

Tanguy L. (ss la dir.), 1986, L'introuvable relation formation/emploi, Paris La Documentation Française.

Theureau J., 2011, Pour une ingénierie des situations sûres, http://www.coursdaction.fr/08-nonpublies/2011-JT-T23.pdf

Thomas C., 1998, *Comment supporter sa liberté*, Paris, Payot & Rivages.

Truffinet J., 1988, Installation et modernisation des exploitations. In : Études rurales, n°110-112. La Terre : succession et héritage : 253-264.

Van Trier W. E. La recherche-action. In: Déviance et société. 1980 - Vol. 4 - N°2. : 179-193.

Varela F. et al., 1993, *L'inscription corporelle de l'esprit*, Paris, Seuil.

Varela F., 1996, *Quel savoir pour l'éthique*, Paris, La Découverte.

Virilio P., 2010, *L'Administration de la peur – Conversation avec Bertrand Richard*, Paris, Textuel.

Watzlawick P., **Weakland** J., **Fisch** R., 1975, *Changements*, Paris, Seuil-Points-essais.

Wunenburger J-J., 1990, *La raison contradictoire – Sciences et philosophie modernes : la pensée du complexe*, Paris, Albin Michel.

Wunenburger J-J., **Sauvanet** P., 1996, *Rythmes et philosophie*, Paris, KIMé.

Zeldin T., 1999, *de la Conversation*, Paris,Fayard.

Table des matières

L'HARMATTAN ITALIA
Via Degli Artisti 15; 10124 Torino
harmattan.italia@gmail.com

L'HARMATTAN HONGRIE
Könyvesbolt ; Kossuth L. u. 14-16
1053 Budapest

L'HARMATTAN KINSHASA
185, avenue Nyangwe
Commune de Lingwala
Kinshasa, R.D. Congo
(00243) 998697603 ou (00243) 999229662

L'HARMATTAN CONGO
67, av. E. P. Lumumba
Bât. – Congo Pharmacie (Bib. Nat.)
BP2874 Brazzaville
harmattan.congo@yahoo.fr

L'HARMATTAN GUINÉE
Almamya Rue KA 028, en face
du restaurant Le Cèdre
OKB agency BP 3470 Conakry
(00224) 657 20 85 08 / 664 28 91 96
harmattanguinee@yahoo.fr

L'HARMATTAN MALI
Rue 73, Porte 536, Niamakoro,
Cité Unicef, Bamako
Tél. 00 (223) 20205724 / +(223) 76378082
poudiougopaul@yahoo.fr
pp.harmattan@gmail.com

L'HARMATTAN CAMEROUN
TSINGA/FECAFOOT
BP 11486 Yaoundé
699198028/675441949
harmattancam@yahoo.com

L'HARMATTAN CÔTE D'IVOIRE
Résidence Karl / cité des arts
Abidjan-Cocody 03 BP 1588 Abidjan 03
(00225) 05 77 87 31
etien_nda@yahoo.fr

L'HARMATTAN BURKINA
Penou Achille Some
Ouagadougou
(+226) 70 26 88 27

L'HARMATTAN SÉNÉGAL
10 VDN en face Mermoz, après le pont de Fann
BP 45034 Dakar Fann
33 825 98 58 / 33 860 9858
senharmattan@gmail.com / senlibraire@gmail.com
www.harmattansenegal.com

www.ingramcontent.com/pod-product-compliance
Lightning Source LLC
LaVergne TN
LVHW021219061026
849535LV00008B/2826
* 9 7 8 2 3 4 3 1 5 9 4 8 5 *